Selbstmanagement

Klaus Bischof
Anita Bischof
Horst Müller

W0033517

6. Auflage

Inhalt

Teil 2: Training Selbstmanagement

Vorwort

Selbstmanagement ist eine zentrale Schlüsselkompetenz. Die Anforderungen im digitalen Zeitalter nehmen stetig zu. Smartphones und Apps sowie die Vernetzung über die Geräte und Plattformen hinweg können einerseits helfen. Andererseits sind die Informationsdichte, dauernde Erreichbarkeit, mobiles Arbeiten usw. auch eine Belastung.

Die diversen Anwendungen funktionieren nur, wenn Sie geeignete Verhaltensweisen und Gewohnheiten praktizieren, wie zum Beispiel sich klare Ziele setzen, Ihre Zeit mehr oder weniger bewusst strukturieren und Werkzeuge, Hilfsmittel und Verhaltensweisen zum Selbstmanagement einsetzen.

Diese Grundfertigkeiten vermitteln weder Schulen noch Universitäten. Genauso wenig, wie wir mit anderen effektiv zusammenarbeiten oder unsere kommunikativen Fertigkeiten weiterentwickeln. Ob als Führungskraft oder Mitarbeiter – spätestens im betrieblichen Alltag merken wir, dass ein unkoordinierter Arbeitsstil viel Geld, Zeit und Nerven kostet.

Unser TaschenGuide hilft Ihnen, den Arbeitstag in den Griff zu bekommen und Ihre beruflichen Ziele zu erreichen: mit Checklisten zur kritischen Selbstanalyse und Standortbestimmung, vielen Tipps und überzeugenden, einfachen Lösungen für die Praxis. Lernen Sie sich selbst zu managen und Sie werden leichter und schneller vorankommen!

Dr. Klaus Bischof und Anita Bischof

Wo stehen Sie?

Wer Verantwortung für seine berufliche Laufbahn übernehmen will, muss zunächst einmal wissen, wo er überhaupt steht. Möglichkeiten und Chancen für das eigene Fortkommen auszuloten ist der erste Schritt auf dem Weg zum erfolgreichen Selbstmanagement.

In diesem Kapitel stellen wir Ihnen einige bewährte Instrumente vor, mit denen Sie sich über Ihren heutigen Standort einfach und schnell klar werden:

- Lust-Frust-Bilanz,
- Leistungsbilanz,
- Stärken-Schwächen-Analyse,
- Kompetenzbeurteilung.

Wie Sie Ihre aktuelle Situation bestimmen

Der erste Schritt für eine Weiterentwicklung ist die Standortbestimmung. Damit erfassen Sie, welche positiven oder negativen Gefühle Sie mit einer bestimmten Situation erleben. Was
treibt mich dabei an und was blockiert mich?

Parallel dazu ist es wichtig zu beschreiben, welche Aufgaben,
Tätigkeiten, Ziele, konkrete Leistungen erbracht wurden oder
auch nicht: Welche wurden gar nicht oder nur teilweise erreicht,
welche wurden übererfüllt?

Mit den in diesem Kapitel beschriebenen Instrumenten können
Sie sich über Ihren heutigen Standort einfach und schnell klar
werden. Später, wenn wir uns auf die Suche nach Ihren Zielen
begeben und diese schriftlich festhalten, werden diese Instrumente zur Standortbestimmung erneut wichtig.

BEISPIEL

Angenommen, Sie sind Ingenieur mit viel Kundenkontakt und stellen fest,
dass Sie in Ihrer aktuellen beruflichen Situation unzufrieden sind. Es gibt Tage,
da fallen Ihnen Ihre Aufgaben leichter, und andere, an denen Sie genervt über
Ihre Kunden und unzufrieden mit Ihrer Arbeit sind. Für die Zukunft wünschen
Sie sich einen klaren Weg. Sie fragen sich, ob Sie Ihre Talente nicht vergeu-
den, wenn Sie in Zukunft einen Job mit Kundenkontakt suchen.

Halten Sie die Ergebnisse der nachfolgenden Bilanzen schriftlich fest!
Wer sich die Themen immer nur durch den Kopf gehen lässt, riskiert
schwammige und wenig konkrete Einschätzungen. Was nicht aufge-
schrieben wird, ist nicht zu Ende gedacht, wird später oft vergessen
oder im Nachhinein ganz anders interpretiert.

Ihre Lust-Frust-Bilanz

Zunächst geht es darum, dass Sie Ihre aktuelle Situation richtig einschätzen. Es geht hierbei um Ihre Gefühle, die Sie in der Lust-Frust-Bilanz schriftlich festhalten.

Sie werden sich darüber klar, was Ihnen privat wie im Beruf Spaß macht und leichtfällt, was also Ihre Treiber sind. Parallel beschreiben Sie, was Sie nervt, ärgert oder auch resignieren lässt. Bei einer erneuten Bilanz nach einige Monaten werden Sie festelstellen, ob Ihre Maßnahmen etwas verändert und Sie sich weiterentwickelt haben.

Wie gehen Sie vor?

1. Stellen Sie eine Reihe von Faktoren zusammen, die Einfluss auf Ihre Arbeitszufriedenheit bzw. -unzufriedenheit nehmen. Solche Faktoren könnten sein: Ihre verschiedenen Aufgabenfelder, die Zusammenarbeit mit Vorgesetzten bzw. Mitarbeitern, das Arbeitsklima, Ihr Verhältnis zu Kunden und Lieferanten etc.

2. Jetzt überlegen Sie für jeden Bereich, was Ihnen Freude bereitet und was Sie frustriert. Was Spaß macht, halten Sie auf der Lustseite, was Frust bereitet, auf der Frustseite schriftlich fest.

Die Lust-Frust-Bilanz verdeutlicht negative und positive Emotionen.

Lust / Treiber	Frust / Blockaden

BEISPIEL: DIE LUST-FRUST-BILANZ EINES BERATERS

Lust	Frust
▪ Macht Spaß: Themen entwickeln ▪ Herausfordernd: Dinge funktionieren sehen ▪ Freut: unterschiedliche Aufgaben ▪ Befriedigt: konzeptionelles Arbeiten	▪ Nervig: lange Besprechungen mit Kunden ▪ Enttäuschend: kein Feedback erhalten ▪ Langweilig: Hotelübernachtungen

Falls es Ihnen nicht leichtfällt, auf Anhieb zu sagen, wann Sie Spaß empfinden und wann Sie verärgert sind, denken Sie einmal scharf nach: Welche Aufgaben schieben Sie immer wieder auf die lange Bank, welche gehen Sie rasch an? Wann geht es Ihnen gut? Wann reagieren Sie gereizt? Welche Kollegen, Vorgesetzte oder Kunden mögen Sie und wem gehen Sie aus dem Weg?

Was haben Sie bisher geleistet?

Wissen Sie, was Sie beispielsweise im letzten Jahr geleistet haben? Ihre persönliche Leistungsbilanz gibt Ihnen eine Antwort darauf, auf welchen Gebieten Sie erfolgreich waren bzw. Misserfolge verzeichnen mussten. Sie hilft Ihnen Ihre Leistungsfähigkeit zu erkennen, daran weiterzuarbeiten bzw. Ihren Kurs gegebenenfalls zu korrigieren.

Wie gehen Sie vor?

1. Wählen Sie einen bestimmten Zeitabschnitt, z. B. das letzte Jahr, und fragen Sie sich: Was habe ich mir damals vorgenommen, was konnte ich erreichen und wo habe ich meine Ziele verfehlt?

2. Tragen Sie auf der Erfolgsseite sowohl dokumentierte und vereinbarte erreichte Erfolge ein als auch »zufällige«, ungeplante.

3. Notieren Sie auch Punkte, die Ihnen zu einem späteren Zeitpunkt einfallen. So ergibt sich eine vollständige und aktuelle Leistungsbilanz.

Die Leistungsbilanz verdeutlicht eigene wichtige Erfolge und Misserfolge

Erfolg	Misserfolg

BEISPIEL: DIE LEISTUNGSBILANZ EINES BERATERS

Erfolg	Misserfolg
• Erreicht: Langjährige Kundenbeziehungen • Erfüllt: Ergebnisse aus Aufträgen werden umgesetzt • Erweitert: Bekanntheitsgrad • Gesichert: Qualität der Produkte	• Nicht erreicht. Kunden nutzen nicht alle Fertigkeiten • Schlecht: Präsentation nicht gut vorbereitet

Die Stärken- und Schwächenanalyse

Anhand der Lust-Frust-Bilanz und der Leistungsbilanz haben Sie im Detail beschrieben, wo Sie heute stehen. Jetzt wenden Sie sich der Analyse Ihrer Stärken und Schwächen zu.

- Gerade in längeren Veränderungsprozessen ist es hilfreich, Fertigkeiten und Schwachpunkte zu erkennen und immer wieder zu benennen. So lassen sich Entwicklungen besser ablesen.

- Wer weiß, wo die eigenen Stärken liegen, setzt sie bewusster ein und gewinnt dadurch mehr Sicherheit. Wer sich seinen Schwächen stellt, lernt besser mit ihnen umzugehen oder sie sogar zu überwinden.

Wie gehen Sie vor?

1 Fragen Sie sich zunächst nach Ihren Stärken!

Was bedeutet Stärke für mich? Welche Stärken habe ich? Was kann ich besonders gut? Welche Chancen ergeben sich aus meinen Fertigkeiten? Gefährde ich die Stärken, wenn ich beispielsweise in einem anderen Umfeld arbeite? Werde ich dann genauso von den Kollegen angenommen?

2 Loten Sie anschließend Ihre Schwächen aus!

Was bedeutet Schwäche für mich? Bei welchen Aufgaben versage ich immer wieder? Halten bestimmte Schwächen verborgene Chancen bereit, die sich in einem anderen Arbeitsumfeld entfalten könnten? Spielen meine Schwächen in einem anderen Umfeld vielleicht kaum mehr eine Rolle?

> Listen Sie Ihre Stärken bzw. Schwächen nach einzelnen Aufgabenfeldern geordnet auf. So erhalten Sie ein systematisches Profil Ihrer Selbsteinschätzung.

Die Stärkenanalyse zeigt Ihre besonderen Fertigkeiten auf.

Datum			
Aufgabe (Lebens- oder Berufsgebiet)	Stärken	Folgen/Risiken	Offene Fragen/ Absichten?
1			
2			
3			

Die Schwächenanalyse verdeutlicht problematische Felder.

Datum			
Aufgabe (Lebens- oder Berufsgebiet)	Schwächen	Folgen/Risiken	Offene Fragen/ Absichten?
1			
2			
3			

BEISPIEL: STÄRKEN- UND SCHWÄCHENANALYSE

Datum: 01.04.20XX			
Aufgabe (Lebens- oder Berufsgebiet)	Stärken	Folgen/Risiken	Offene Fragen/ Absichten?
1. Konzeptionelle Aufgaben	Hohes analytisches Denkvermögen	Probleme, Aufgaben sind übersichtlich und auf das Wesentliche beschränkt strukturiert und damit leicht verständlich.	
2. Projektleitung	Strukturierung	Übersichtlicher Projektplan mit klaren Zuständigkeiten und Terminen	

Datum: 01.04.20XX			
Aufgabe (Lebens- oder Berufsgebiet)	Schwächen	Folgen/Risiken	Offene Fragen/ Absichten?
1. technisch orientierte Aufgaben	geringe Experimentierfreude	findet wenig für sich selbst heraus, lange Lernphase	Mutiger und interessierter agieren; sich informieren
2. Präsentation, Vortrag	großes Lampenfieber	kommt bei Zuhörern schlecht an	Unterstützung beim Umgang mit Lampenfieber holen

Kompetenzen erkennen und bewerten

Es gibt eine Reihe von Kompetenzbereichen, die wir im nächsten Schritt unter die Lupe nehmen wollen. Dazu zählen Ihre Persönlichkeit, die Fertigkeit, anderen eigene Ideen zu vermitteln, fachliches Können, soziale und Führungskompetenz. Um festzustellen, auf welchen Gebieten Sie über besondere Fertigkeiten verfügen und auf welchen Sie eher schwach sind, führen Sie eine Kompetenzbeurteilung durch.

- Sie erhalten ein klares Bild Ihrer Leistung.

- Sie erkennen, in welchen Kompetenzbereichen Sie bereits heute gut sind und wo es noch Defizite gibt.

- Sie lernen, sich auf einige klare Kompetenzbereiche zu konzentrieren.

Wie gehen Sie vor?

1   Beobachten und beschreiben Sie Ihr Verhalten!

Bereiten Sie sich vor, indem Sie Fakten sammeln! Bevor Sie mit der Analyse beginnen, beobachten Sie sich sorgfältig bei der Arbeit, z.B. bei Kundenbesuchen, in Ihrem Büro und bei Gesprächen mit Kollegen, Vorgesetzten und Mitarbeitern. Sie notieren, was Ihnen an Ihrem Verhalten auffällt. Nehmen Sie die nachfolgend aufgelisteten Verhaltenskategorien zu Hilfe, um sich die Arbeit zu erleichtern. Sie können im Übrigen auch eine Vertrauensperson bitten Sie in Augen schein zu nehmen. Das erweitert den Blickwinkel und objektiviert die Ergebnisse.

2   Beurteilen Sie Ihre Kompetenzen!

Nehmen Sie sich eine Stunde Zeit und lesen Sie Ihre Notizen. Die Verhaltensbeschreibungen und frühere Aufzeichnungen (z.B. die Stärken-Schwächenanalyse) können ebenfalls herangezogen werden. Fassen Sie Ihre Notizen in klaren Aussagen zusammen und halten Sie sie auf dem Formblatt in der rechten Spalte fest. In der mittleren Spalte können Sie Ihre Leistungen in den verschiedenen Kompetenzbereichen auf einer Skala selbst einschätzen. Sie können sich jedoch auch von Ihrem Vorgesetzten oder einem Dritten beurteilen lassen.

> Die Kompetenzbeurteilung eignet sich auch für Bewerbungsgespräche. Zunächst beurteilen Sie den Bewerber, anschließend lassen Sie den Bewerber den Test durchführen. Tauschen Sie die Ergebnisse aus und klären Sie etwaige Differenzen! Genauso können Sie auch schwierige Mitarbeiter beurteilen oder solche, die weiterentwickelt werden sollen.

Die Verhaltensliste hilft bei der detaillierten Beschreibung Ihrer Fertigkeiten:

Verhaltensweisen – Fertigkeiten analysieren

1 Verhaltensweisen, welche die Persönlichkeit beschreiben

- Flexibilität und Initiative
  - stellt sich schnell auf veränderte und neue Sachlagen ein
  - richtet die Arbeitsführung auf die neue Situation aus
  - reagiert schnell bei akuten Problemen und behält dabei die Übersicht
  - erkennt Aufgaben aus eigenem Antrieb und greift sie auf, ohne den Weg genau vorgezeichnet zu bekommen

- Auftreten
  - spricht frei und offen
  - schreibt klar und kurz
  - ist sicher im Auftreten
  - überzeugt das Publikum oder eine Diskussionsrunde
  - lässt Partner aussprechen
  - hört interessiert zu
  - respektiert die Meinung des anderen in Diskussionen

2 Soziales Verhalten

- Zusammenarbeit
  - arbeitet mit Kollegen und Vorgesetzten zusammen
  - beteiligt sich an gemeinsamen Aufgaben
  - beschafft sachdienliche Informationen unter Ausnutzung aller Kommunikationswege
  - leitet Informationen exakt und schnell weiter
  - geht diskret mit vertraulichen Dingen um
  - merkt sich wichtige Gedanken in Gesprächen und knüpft nachher daran an

Verhaltensweisen – Fertigkeiten analysieren

- Zielorientiertes Arbeiten und Überzeugungskraft
  - bildet sich eine eigene Meinung aufgrund von Fachkompetenz und stellt sie verständlich dar
  - überzeugt durch Argumente sowie durch Sprache und Auftreten, auch gegen Widerstände
  - bewegt etwas
  - gibt auch eigene Lieblingsaufgaben an andere ab

3 Fachliches Verhalten

- Arbeitsqualität
  - führt eigene Arbeiten möglichst fehlerfrei aus

- Arbeitsquantität
  - erledigt Aufgaben in vorgegebener Zeit
  - zeigt Ausdauer und Stetigkeit bei der Arbeit

- Urteilsvermögen und Kontrolle
  - erkennt Ziele und Notwendigkeiten
  - setzt Prioritäten
  - wählt neue Lösungswege nach ihrer Wirksamkeit und setzt sie gezielt ein
  - kontrolliert eigene Arbeitsergebnisse

- Kostenbewusstes Handeln
  - erreicht vorgegebene Ziele mit möglichst geringem Zeitaufwand
  - erkennt Verlustquellen und behebt sie
  - geht rationell mit Ressourcen um

4 Führungsverhalten

- Führungsverhalten (nur bei Führungsaufgaben)
  - trifft Entscheidungen, die das Aufgabenziel erreichen
  - kann und will unfähige Mitarbeiter straff führen
  - vertritt Unternehmensentscheidungen bei seinen Mitarbeitern
  - steht bei Problemen Mitarbeitern offen zur Verfügung
  - berät Mitarbeiter bei Unsicherheit
  - hört gut zu

Verhaltensweisen – Fertigkeiten analysieren

- Mitarbeiterentwicklung
  - erkennt Leistungspotenziale der Mitarbeiter
  - fördert Mitarbeiter in ihrem Potenzial
  - nutzt das Potenzial seiner Mitarbeiter voll aus
  - gibt Mitarbeiter ab
  - setzt theoretische und praktische Kenntnisse ein
  - braucht kaum kontrolliert zu werden

Die Kompetenzbeurteilung zeigt Ihnen genau, wo Ihre Stärken liegen:

Kompetenzbeurteilung

Name:			Datum:		
Kernkompetenzen	Beobachtung/Beurteilung durch Vorgesetzte/n				eigene Beschreibung
	100 %	75 %	50 %	25 %	
1. Persönlichkeit					
Flexibilität und Initiative	❑	❑	❑	❑	
Auftreten	❑	❑	❑	❑	
2. Soziales Verhalten					
Zusammenarbeit	❑	❑	❑	❑	
Zielorientiertes Arbeiten und Überzeugungskraft	❑	❑	❑	❑	
3. Fachliches Können					
Arbeitsqualität	❑	❑	❑	❑	
Arbeitsquantität	❑	❑	❑	❑	
Urteilsvermögen und Kontrolle	❑	❑	❑	❑	
Kostenbewusstes Handeln	❑	❑	❑	❑	

Kompetenzbeurteilung					
Name:			Datum:		
Kernkompetenzen	Beobachtung/Beurteilung durch Vorgesetzte/n				eigene Beschrei-bung
	100 %	75 %	50 %	25 %	
4. Führungskompetenz					
• Führungsverhalten (bei Führungsaufgaben)	❐	❐	❐	❐	
• Mitarbeiterentwicklung (bei Führungsaufgaben)	❐	❐	❐	❐	

Wie Sie Ihre Ziele finden und verwirklichen

»Eine Reise von Tausend Meilen
beginnt mit dem ersten Schritt.«

Ihre Ausgangssituation haben Sie nun geklärt. Sie wissen, wie Sie sich in Ihrer jetzigen beruflichen Situation fühlen, was Sie bisher geleistet haben, wo Ihre Stärken und Schwächen, Ihre Talente und Fertigkeiten liegen. Somit sind Sie gut vorbereitet für die nächsten Schritte auf Ihrem Weg zum erfolgreichen Selbstmanagement.

In diesem Kapitel erfahren Sie wie Sie Ziele

- definieren,
- verbindlich formulieren und
- effizient umsetzen.

Ziele definieren, statt unwichtige Aufgaben erledigen

Warum sind Ziele so wichtig?

Jeden Tag sind wir mit einer Unmenge von Aufgaben konfrontiert, unser Terminkalender und der Mail-Eingang sind voll, Kollegen, Vorgesetzte und Kunden schneien mit unvorhergesehenen Anliegen herein, Smartphone und Social Media locken. So vergeht Woche um Woche. Nur leider verlieren wir dabei leicht eines aus den Augen: unsere Ziele.

Wir richten unsere Aufmerksamkeit viel zu sehr auf einzelne Aufgaben. Stattdessen müssen wir stärker in Zielen denken und unsere Aktivitäten streng nach diesen ausrichten. Nur so bündeln wir unsere Energien und erreichen das, was wir uns vorgenommen haben.

Darüber hinaus versetzen uns Ziele überhaupt erst in die Lage, unsere Leistung richtig zu beurteilen. Wenn wir für unsere Arbeit keine Messlatte, keinen Richtwert haben, wissen wir auch nicht, ob wir gute oder schlechte Arbeit machen.

Wodurch zeichnen sich Ziele aus?

Ziele sind auf die Zukunft gerichtete Vorstellungen. Um sie zu erreichen, nehmen Sie sich etwas vor und realisieren es auch. Andernfalls sind es keine Ziele, sondern nur Pläne oder Vorsätze.

Wer sich ein Ziel setzt, klärt damit drei, für die Karriere entscheidende Dinge:

1. Wo will ich hin? In welche Richtung will ich mich verändern bzw. entwickeln? Was will ich an mir selbst, in meiner Umgebung ändern?

2. Wie will ich etwas ändern?

3. Wie schnell möchte ich etwas erreichen?

Mit wem stimme ich meine Ziele ab?

Eines ist natürlich klar: Ein Ziel erreichen Sie nicht als Einzelkämpfer. Sie brauchen Menschen, die Sie in Ihren Karrierezielen unterstützen. Die Meinungen anderer Personen, die von Ihren Plänen betroffen sind, müssen Sie kennen. Dazu gehört neben Ihrem Chef selbstverständlich Ihr Lebenspartner. Offenheit ist jetzt notwendig. Es nützt nichts, wenn Sie sich über Ihre beruflichen Pläne Gedanken machen, wenn Ihr Chef ganz andere berufliche Ziele mit Ihnen verfolgt.

Was den Lebenspartner betrifft, so muss dieser sich meist auf mehr Engagement Ihrerseits einrichten. Es ist außerordentlich wichtig, dass Ihr Partner und/oder Ihre Familie bedeutende Entscheidungen mittragen, beispielsweise wenn Sie für ein Jahr ins Ausland gehen müssen. Gerade in schwierigen Situationen entscheidet eine gut funktionierende Partnerschaft über den beruflichen Erfolg.

Ziele finden

Sicherlich kennen Sie Äußerungen wie: »Ich wäre gerne selbstständig« oder: »Ich würde gerne mehr verdienen«. Wünsche gibt es viele – doch wie ernst meinen wir es damit? Im Prozess der Zielfindung klären Sie, was Sie wollen und wie wichtig bestimmte Wünsche für Sie sind. Bei der Zielfindung erarbeiten Sie Vorstellungen, Richtungen, Ideen für Ihre persönliche Weiterentwicklung.

Wo fange ich an?

Wir haben für Sie vier Fragen formuliert, die Ihnen helfen werden, die ersten Schritte auf dem Weg zu Ihren Zielen einzuleiten. Mit ihrer Hilfe

- haben Sie für sich geklärt, welche Wünsche Sie in welchem Zeitrahmen angehen wollen.
- werden Ihre Wunschvorstellungen geordnet, weil Sie sie auf der Zeitachse platziert haben.
- können Sie alle Ideen und Wünsche, die Sie nicht auf der Zeitachse zuordnen können, bezüglich ihrer Ernsthaftigkeit überprüfen. Möglicherweise handelt es sich hier nur um Luftschlösser.
- erkennen Sie, wohin die persönliche Weiterentwicklung gehen soll.

Die Fragen lauten:

1. Was würde mir in einem Monat/Jahr Spaß machen? _____
   _____

2. Was wird mich in einem Monat/Jahr ärgern bzw. meine Nerven strapazieren? _____
   _____

3. Was will ich in einem Monat/Jahr erreicht haben? _____
   _____

4. Was glaube ich, in einem Monat/Jahr nicht zu erreichen? ___
   _____

Was hilft mir bei meiner Zielfindung?

Folgende Instrumente und Vorgehensweisen erleichtern Ihnen die Zielfindung:

Ihre Wünsche, Vorstellungen und Ideen bezüglich Ihrer Weiterentwicklung ermitteln Sie mithilfe der **Lust-Frust-Bilanz** und der **Leistungsbilanz**. Prüfen Sie, mit was Sie unzufrieden sind und wo Sie sich verändern wollen. Stellen Sie sich konkret den Zeitrahmen vor, in dem Sie Veränderungen vollziehen wollen; so fallen alle Wünsche der Kategorie »wäre vielleicht mal was« oder »könnte interessant sein« durch.

Nutzen Sie auch die **Stärken-Schwächen-Analyse** aus der Standort-Bestimmung und die **Kompetenzbeurteilung** für die **Zielfindung**. In der **Stärkenanalyse** haben Sie Ihre Stärken notiert und die daraus zu erwartenden Chancen. Prüfen Sie, inwieweit Sie die Chancen realisieren können. In der **Kompetenzbeurteilung** haben Sie sich hinsichtlich verschiedener Fertigkeiten eingeschätzt. Auch hier überlegen Sie, bei welchen Kompetenzen Sie sich verbessern wollen.

Was soll sich zukünftig verändern?

Erstellen Sie eine Lust-Frust-Bilanz, die in die Zukunft gerichtet ist.

- Sie haben sich die Frage gestellt: Was soll mir in Zukunft (in einem Jahr/Monat) Spaß machen? Tragen Sie die Punkte auf der Lustseite der Lust-Frust-Bilanz ein.
- Die Antworten auf die Frage: »Was wird mich in Zukunft (in einem Jahr/Monat) immer noch nerven, ärgern?« halten Sie auf der Frustseite der Lust-Frust-Bilanz fest.

Lust	Frust

Was will ich zukünftig erreichen?

Ebenso erstellen Sie eine Leistungsbilanz, die in die Zukunft gerichtet ist. Sie überlegen sich dabei folgendes:

- Was möchte ich in einem Jahr/Monat erreichen? Wichtig ist, dass Sie sich darüber klar werden, in welchem Zeitrahmen

Sie eine bestimmte Veränderung anstreben. Auf der Erfolgsseite tragen Sie nur Erfolge ein, die erwartbar und realistisch
sind.

- Was glaube ich in einem Jahr/Monat nicht zu erreichen? Mit
  welchen Schwierigkeiten muss ich rechnen? Auf der Miss-
  erfolgsseite notieren Sie die Punkte, die Ihnen Ihrer Ansicht
  nach aus dem Ruder laufen werden bzw. die Sie nicht beeinflussen können. Führen Sie auch auf, welche Ergebnisse Sie
  objektiv nicht erreichen werden. Stellen Sie darüber hinaus
  zusammen, was Sie aufgrund äußerer wie innerer Umstände
  nicht erreichen können.

Erfolg	Misserfolg

Ziele formulieren

Je konkreter und klarer ein Ziel formuliert ist, desto einfacher
können Sie es umsetzen. Ein Ziel wird durch folgende Aussagen
beschrieben:

- die Absicht, den Zweck meiner Veränderung

- die Maßnahmen, die Aktivitäten für die Umsetzung des Ziels

- das Ergebnis, den Zustand, der erreicht werden soll

- den zeitlichen Rahmen, bis zu dem die Veränderung umgesetzt wird.

Wozu Ziele formulieren?

- Die Zielformulierung schafft Klarheit für die Zielumsetzung. Es werden Details für die Veränderung definiert.

- Die Zielformulierung beinhaltet den Plan für die Umsetzung Ihrer Ziele. Zielkonflikte werden während der Zielformulierung aufgedeckt und gelöst.

Wie gehen Sie vor?

Um die eigenen Ziele formulieren zu können, beantworten Sie gewissenhaft die vier folgenden Fragenkomplexe:

1   Was bezwecke ich mit einer Veränderung?
Klären Sie im Einzelnen folgende Punkte für sich:

- Die Absicht der Veränderung.

- Was bedeutet die Veränderung für mich?

- Welche Vorteile, welchen Nutzen erwarte ich aufgrund der Veränderung?

2   Wie komme ich dahin?

- Formulieren Sie Maßnahmen für Ihr Ziel
  - Was muss ich machen, damit ich die gesteckten Ziele erreiche?
  - Welche konkreten Aktivitäten und Maßnahmen sind für die Zielerreichung notwendig?

BEISPIEL

Ein Außendienstmitarbeiter ist mit seinen bisherigen Ergebnissen unzufrieden und setzt sich zum Ziel, diese zu verbessern. Er klärt zunächst, welche Kunden viel nerven und Zeit brauchen und welche Erträge diese (nicht) bringen. Er will zukünftig bei der Terminvereinbarung in etwa wissen, was der Kunde erwartet und braucht.

- Klären Sie konkrete Voraussetzungen.
  Was brauche ich für die Umsetzung meiner Veränderungen? Solche Voraussetzungen für eine Zielerreichung können sein:
  - **Zeit**, z. B. damit Sie sich in ein neues Thema einarbeiten können
  - **bestimmte Personen**, z. B. ein Mentor, der mit Ihnen Verständnisfragen klärt
  - **Geld**, z. B. für Bücher, Lehrmaterial, Ausbildungskosten
  - ein **Ort**, z. B. ein Raum, in dem Sie ungestört lernen können
  - **Qualität**, z. B. eine offizielle Beurteilung Ihrer Arbeit
  - **Quantität**, z. B. ein bestimmtes Volumen für eine offizielle Anerkennung Ihrer Leistung.

- Stecken Sie Ihren Einflussbereich ab.
  Ist es möglich, die erforderlichen Voraussetzungen zu schaffen? Die Bereitstellung der Voraussetzungen liegt manchmal außerhalb Ihres Einflussbereiches. Sie sind dann auf eine dritte Person angewiesen. Es ist deshalb sehr wichtig, dass Sie sich bereits bei der Zielformulierung Gedanken machen, welche Voraussetzungen notwendig sind.

Falls es nicht möglich ist, die Voraussetzungen bereitzustellen, werden Sie dieses Ziel nicht realisieren. Das bedeutet, dass Sie das Ziel entweder auf später verschieben müssen oder dass Sie dieses Ziel anpassen oder ganz aus Ihrer Wunschliste streichen müssen.

3   Wo will ich hin?

- Wohin soll die berufliche Entwicklung führen?
  Was ist das Ergebnis, der Zustand, den ich mit der Veränderung erreichen möchte? Sie machen sich Gedanken, wohin Sie sich entwickeln wollen. Was sind die Ergebnisse Ihrer Entwicklung? Entwicklung ist unabdingbar mit Zielen verbunden, die mit Ihnen als Mitarbeiter vereinbart werden. Die Ziele können sowohl aufgabenorientiert wie auch beziehungsorientiert sein. Welchen Inhalt sie genau annehmen, hängt selbstverständlich von Ihren gesteckten Zielen ab. Wir empfehlen deshalb, mit Ihrem Vorgesetzten Ihre Überlegungen abzustimmen.

- Welche Rolle spielen persönliche Ziele?
  Hinzu kommt der persönliche Aspekt. Jede Person hat selbstverständlich eigene persönliche Ziele. Je enger diese mit den unternehmerischen zur Deckung gebracht werden, desto eher werden sie auch erreicht. Berufliche Entwicklung und persönliche Ziele können Sie nur über offene Gespräche mit Ihrem Vorgesetzten und sonstigen beteiligten Personen (z. B. Ihrem Lebenspartner) in Einklang bringen.

4 Bis wann will ich mein Ziel erreicht haben?

Zuletzt bestimmen Sie noch, in welchem Zeitrahmen Ihr Ziel
verwirklicht werden soll:

- Bis wann soll die Veränderung umgesetzt werden?
- Ab wann werden Aktivitäten und Maßnahmen greifen?

Ziele formulieren im ZIEL-Bild

Das Ziel-Bild gibt Ihnen einen Eindruck davon, welche Punkte
die Zielformulierung ganz konkret beinhaltet. Es hilft Ihnen dabei Ihre Gedanken zu strukturieren.

Die Bedeutung von ZIEL	
Zweck	Zu welchem Zweck machen wir das? Was habe ich davon? Was bedeutet das für uns?
Inhalt	Was brauche ich dazu? Methoden, Vorgehensweisen, Personen, Maßnahmen und Aktivitäten, Voraussetzungen; Wie und womit?
Ergebnis	ein messbarer und überprüfbarer Zustand Erfolgskriterien? Was?
Länge	Wie lange?

EIN BEISPIEL ZU ZIEL

Zweck	*Zu welchem Zweck machen wir das?* *Was habe ich davon? Was bedeutet das für uns?*
	- ungestörtes Arbeiten zu gewissen Blockzeiten ermöglichen

Inhalt	*Was brauche ich dazu?* *Methoden, Vorgehensweisen, Personen, Maßnahmen und* *Aktivitäten, Voraussetzungen;* *Wie und womit?*
	▪ mittels Telefonumleitung/Ich-Zeit von 12.00 bis 14.00 Uhr und aktueller Tagesplanung und Wochenplanung schaffe ich mir Freiräume und ...
Ergebnis	*ein messbarer und überprüfbarer Zustand* *Erfolgskriterien?* *Was?*
	▪ Aufgaben, die eine hohe Konzentration erfordern, können bearbeitet werden
Länge	*Wie lange?*
	▪ ab sofort

ZIEL steht dabei für

- **Z**weck

- **I**nhalt

- **E**rgebnis

- **L**änge

und deckt damit die vier Bereiche ab, die Sie benötigen, um ein Ziel zu verwirklichen. Mit dem Ziel-Schema erhalten Sie gleichzeitig einen kompakten Überblick über die Planung Ihrer Ziele.

Das Ziel-Schema lässt sich auch für weitere Anwendungsbereiche einsetzen:

- zur Klärung für sich und mit Ihrem Vorgesetzten, bevor Sie eine neue Funktion übernehmen;

- zur Vorbereitung und klareren Sachargumentation im Fördergespräch mit dem eigenen Vorgesetzten oder mit dem eigenen Mitarbeiter;

- für die Festlegung von klaren Abmachungen mit neuen Mitarbeitern für die Probezeit und danach;

- bei problematischen Mitarbeitern, um mit Ihnen die Bereitschaft zur Mitarbeit zu klären, z.B. mit Mitarbeitern mit Alkoholproblemen, bei Leistungsabfall, vor Abmahnungen;

- bei Mitarbeitern, die sie übernehmen müssen (bevor Sie sie übernehmen);

- für Sie persönlich: Was wollen Sie konkret erZIELen?

Ein Tipp: Schreiben Sie sich Ihre wichtigsten drei Ziele auf einen Zettel und stecken diesen in Ihre Geldbörse. Dann werden Sie regelmäßig daran erinnert.

Ziele realisieren mittels Aktivitätenliste

Sie haben Ihre Ziele gefunden und formuliert. Dann beginnt jetzt die eigentliche Arbeit: sie umzusetzen. Andernfalls sind es keine Ziele, sondern nur Vorsätze. Damit Sie sich tatsächlich verändern und Ihre Ziele erreichen, arbeiten Sie mit einer Aktivitätenliste, in der Sie alle zur Zielerreichung notwendigen Aufgaben festhalten (siehe auch »Die Aktivitätenliste« im Kapitel »Wie Sie Ihre Zeit richtig managen«).

Wozu eine Aktivitätenliste?

- Sie behalten stets den Überblick über alle anstehenden Aufgaben. Außerdem können Sie mithilfe dieses Instruments Ihre Aktivitäten besser überwachen und kontrollieren.

- Ihre Planung wird Realität und muss allen Widrigkeiten, die von außen auf Sie zukommen, standhalten.

- Jeder Mitarbeiter, jede Person ist in ein Tagesgeschäft eingebunden. Veränderungen und Entwicklungen müssen Sie zusätzlich in Ihren jetzigen Tages- und Wochenablauf einbauen. So stellen Sie sicher, dass Sie die gesteckten Ziele auch wirklich umsetzen.

Wie gehen Sie vor?

1   Aktivitäten planen und Prioritäten setzen

Sie stellen alle Aufgaben, die Sie in der Zielformulierung definiert haben, zusammen. Sie überprüfen sie bezüglich ihrer logischen Abhängigkeiten und bringen die einzelnen Aktivitäten in die Reihenfolge, wie sie anschließend abgearbeitet werden. Sie erstellen einen Plan: Was, bis wann? Ein Engpass könnte für Sie selbst die zur Verfügung stehende Zeit sein, weil Sie z. B. neben Ihrem normalen Job nur zehn Stunden pro Woche für Ihre Weiterentwicklung zur Verfügung haben. Sie können die Aufgaben nur nach und nach abarbeiten.

Einen weiteren Engpass können die Voraussetzungen für die Umsetzung bestimmter Ziele bilden. Oft liegt die Bereitstellung solcher Voraussetzungen nicht in Ihrem Einflussbereich. Sie sind hier auf die Unterstützung von außen angewiesen. Damit die Bereitstellung der Voraussetzungen Sie nicht zu stark in der Zielumsetzung blockiert, planen Sie notwendige Aufgaben mit entsprechender Pufferzeit ein.

2 Aktivitätenliste überwachen und aktualisieren

Sie nutzen eine Liste, auf der Sie die einzelnen Aktivitäten und dazugehörigen Daten wie Priorität oder beteiligte Personen notieren. Mithilfe dieser Aktivitätenliste können Sie die Umsetzung aller Maßnahmen überwachen. Aktualisieren Sie die Liste in regelmäßigen Abständen.

Diese Liste eignet sich für dieselben Anwendungsbereiche, die für das Zielschema genannt wurden (siehe vorhergehenden Abschnitt »Ziele formulieren«):

- Klärungsgespräche mit Ihrem Vorgesetzten,
- Fördergespräche mit Ihrem Vorgesetzten oder mit eigenen Mitarbeitern,
- Abmachungen mit neuen oder übernommenen Mitarbeitern,
- Abmachungen mit problematischen Mitarbeitern.

Die Auflistung der Aktivitäten verschafft Transparenz

Datum	Priorität	Aktivität Was?	Bis wann?	Wer?	Ok?

Daneben können Sie die Aktivitätenliste einsetzen für eine detaillierte Aufgabenverteilung

- im Rahmen von Projektmanagement,
- im Rahmen von Teamarbeit und Coaching.

Diese Listen lassen sich auch elektronisch in Apps integrieren. Zum Teil ist dort sogar die Zielformulierung und das Monitoring integriert (z. B. Zenkit, Trello, Evernote; für Studenten: UniNow; wunderlist). Durch das Teilen mit anderen wird die Teamarbeit optimiert.

Veränderungsprozesse und ihr Verlauf

Ziele zu realisieren bedeutet, eine Veränderung anzustoßen und eine Entwicklung zu realisieren. In unseren Trainings und Coachings wurde uns klar, dass dieser Prozess meist gleichförmig verläuft. Den Ablauf zu kennen macht die Entwicklung transparenter und Sie sind weniger überrascht über die unterschiedlichen Phasen. Dies ist umso hilfreicher, als Veränderung und Entwicklung in der sogenannten VUKA-Welt, in der wir heute leben (VUKA steht für **V**olatilität, **U**nsicherheit, **K**omplexität und **A**mbivalenz), zum Dauerzustand geworden sind.

Der Prozessverlauf im Überblick

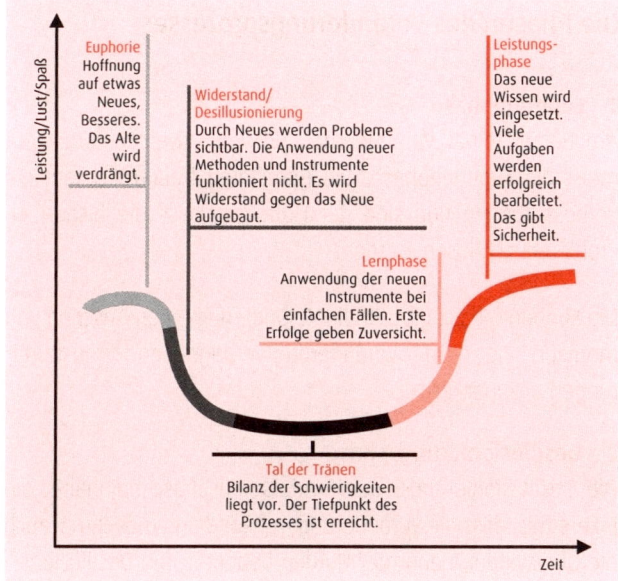

Wer den Prozessverlauf kennt, hat Vorteile und …

- … kann sich an ihm orientieren und sein Handeln danach ausrichten. Er handelt nicht unkontrolliert.

- … erkennt bestimmte Gefühlsentwicklungen und begegnet diesen wirkungsvoll.

- ... kann den anderen Betroffenen helfen, die Entwicklungen transparent zu machen. Auch sie lernen mit den Entwicklungen umzugehen.

Die Phasen des Veränderungsprozesses

1   Euphoriephase

Am Beginn einer Veränderung und von etwas Neuem steht meist die Euphoriephase. Die Beteiligten freuen sich auf die Verbesserungen und sind der Hoffnung, dass die bisherigen Probleme sich lösen werden.

Die Euphoriephase gibt für die Veränderung einen Anschub und motiviert, die mit der Veränderung verbundenen Herausforderungen anzupacken.

2   Desillusionierungsphase

Die Desillusionierungs- oder Widerstandsphase beinhaltet die Erkenntnis, dass die Veränderung Aufwand und manchmal auch die Überwindung enormer Hürden bedeutet. Die Desillusionierungsphase ist der schwierige, aber auch wichtige Teil. Es wird deutlich, was und wer alles von der Veränderung betroffen ist, was alles anzupassen bzw. neu zu machen ist. Diese Phase ist durch wachsende Unsicherheit bei gleichzeitigem noch nicht Beherrschen des Neuen gekennzeichnet.

Kritisch ist, dass übervorsichtige und negativ denkende Menschen (Pessimisten, problemorientierte Menschen) in der Desillusionierungsphase bereits jetzt abbrechen wollen: Es kommen Aussagen wie: »Sehen Sie, ich sagte es ja schon vorher«, »Immer wieder was Neues«, »Man kommt ja gar nicht zum Arbeiten«, »Früher war das alles einfacher und ich weiß nicht, warum man alles so kompliziert machen muss.«

Für den Optimisten sieht die Veränderung von vorne herein positiv aus, die Chancen stehen im Vordergrund: »Super!«, »Das schaffen wir schon!«, »Man muss einfach irgendwo einmal anfangen!«, »Wir wollen doch nach vorn blicken!«, »Was nützt es, immer nur nachzudenken, man muss auch etwas tun!«.

In dieser Phase ist es wichtig durchzuhalten, sich zu bestärken und trotz aller Widrigkeiten weiterzumachen. Sie ist wichtig, weil am Ende dieser Phase das Ausmaß der Veränderung deutlich wird. Dementsprechend können dann Aufgaben und Ressourcen realistisch geplant werden.

3 Tal der Tränen

Im Tal der Tränen wächst die Zuversicht, dass die Veränderung gelingen kann. Der Aufgaben- und Ressourcenplan ist erarbeitet. Es ist klar, was alles zu tun ist, welche Schwierigkeiten überwunden werden müssen, um die Veränderung umzusetzen, aber die mit der Veränderung verbundenen Aufgaben müssen noch bearbeitet werden. Die Überforderung wird durch Zuversicht abgelöst. Die Gefahr, dass das Vorhaben abgebrochen wird, besteht, wenn hier unerwartet nochmals neue Probleme auftauchen oder zum Beispiel der Zeitplan sehr knapp kalkuliert ist.

4 Lernphase

Die Lernphase beinhaltet das Abarbeiten der mit der Veränderung verbundenen Aufgaben im Einzelnen. Zu Beginn bestehen sicher noch Unsicherheit und das Bewusstsein, dass noch Fehler passieren. Die Ergebnisse der Veränderung werden sichtbar, es entsteht eine Vertrautheit mit dem neuen Umfeld. Kritische Stimmen werden deutlich weniger. Je mehr Ergebnisse erarbeitet sind, umso sicherer und zuversichtlicher werden die Beteiligten.

5 Leistungsphase

In der letzten Phase des Veränderungsprozesses wird das Neue eingeführt und im Großen und Ganzen sicher angewandt. In der Leistungsphase ist die Veränderung umgesetzt. Die Veränderung ist im Tagesgeschäft etabliert und läuft immer stabiler. Diese Phase ist dann sicher erreicht, wenn Betroffene nicht mehr hinterfragen, warum und weshalb die Prozesse so laufen.

Warum ist es wichtig, den Prozessverlauf zu kennen?

- Wer den Prozessverlauf kennt, kann sich an ihm orientieren. Das Wissen über den Verlauf einer Veränderung erleichtert es, bei eigener Hilflosigkeit durch das »Tal der Tränen« nach vorne zu gehen. Es ist möglich, für sich bestimmte Extremsituationen zu definieren, die man durchschreiten will. Aufgrund dieser Definition erhält der Planende Kontrolle über sein Handeln in Extremsituationen.

- Wer den Prozessverlauf kennt, kann bestimmte Gefühlsentwicklungen erkennen und diesen wirkungsvoll begegnen.

- Wenn der Prozess den in der Zukunft davon Betroffenen dargestellt wird, werden ihnen bestimmte Entwicklungen transparent. Das hilft den Betroffenen, ebenfalls mit diesen Entwicklungen umzugehen.

Wie kann ich das Prozessmodell einsetzen?

Das Prozessmodell beschreibt jegliche Veränderung, unabhängig von deren Ausmaß und Dauer. Es ist hierbei unerheblich, ob dies eine Veränderung in Ihrem privaten oder in Ihrem beruflichen Umfeld betrifft, ob diese Veränderung eine einzelne Person oder eine Gruppe von Personen betrifft.

Um einen Veränderungsprozess erfolgreich im Unternehmen zu realisieren, sind folgende Aspekte wichtig:

- Definieren Sie konkret einen Auftrag für die Veränderung. Damit sorgen Sie für außergewöhnliche Klarheit.

- Klären Sie: Wer sind die Betroffenen der Veränderung und wer sind die Beteiligten? Bei den Beteiligten machen Sie sich ein Bild darüber, welche Rolle die einzelnen Personen wahrnehmen.

- Als Verantwortlicher für den Veränderungsprozess übernehmen Sie 100 % Verantwortung. Das bedeutet auch, dass Sie als Vorbild Veränderung leben.

- Gewinnen Sie Befürworter aus verschiedenen Unternehmensbereichen mit unterschiedlichen Kompetenzen. Kritische Fragen und Anmerkungen aus diesem Kreis sind wertvolle Rückmeldungen zu Ihrem Vorhaben.

- Gute Kommunikation ist ein essentieller Erfolgsfaktor jeder Veränderung. Erstellen Sie einen Kommunikationsplan für den Veränderungsprozess und stellen Sie sicher, dass dieser umgesetzt wird. Hier ist auch darauf zu achten, dass diejenigen, die Widerstand leisten, erreicht werden. Nehmen Sie deren Bedenken und Anregungen ernst.

- Der Zeitplan des Veränderungsprozesses darf ehrgeizig und herausfordernd sein, sollte aber realisierbar sein. Berücksichtigen Sie auch Puffer für Unvorhergesehenes. Definierte Meilensteine erlauben den Entscheidern, den Prozess über die gesamte Dauer zu tracken und bei Bedarf korrigierend einzugreifen.

- Machen Sie Erfolge während des Prozesses sichtbar. Bis zum Abschluss des kompletten Veränderungsprozesses können viele Monate vergehen. Je länger der Prozess dauert, umso wichtiger ist es, Teilergebnisse zu realisieren und zu kommunizieren.

- Für die Inkraftsetzung des neu Entwickelten ist ein geeigneter Zeitpunkt zu wählen. Wichtig dabei ist, dass der tägliche Betrieb die Umstellung stemmen kann.

- In der Einführungsphase müssen die Spezialisten zeitlich verfügbar sein. Somit können alle auftauchenden Fragen rasch und korrekt beantwortet werden.

Behalten Sie parallel laufende Veränderungsprozesse im Blick und stimmen Sie frühzeitig Auswirkungen bzw. Abhängigkeiten zu Ihrem Veränderungsprozess ab.

Wie Sie Ihre Zeit richtig managen

»Nur wer sich selber organisiert,
kann andere organisieren!«

Das persönliche Zeitmanagement ist eine sehr wichtige Komponente für ein erfolgreiches Selbstmanagement.

Lesen Sie in diesem Kapitel, wie Sie

- Leistungsfresser unter Kontrolle bekommen,
- Wichtiges und Dringendes unterscheiden,
- ein Arbeitsprotokoll führen, um Ihren Zeitbedarf zu ermitteln,
- richtig Prioritäten setzen,
- Ihren Tag sinnvoll planen,
- Zeitplaner, Organizer und einfache Hilfsmittel nutzen und
- Stress wirksam bewältigen.

Wozu Zeitmanagement?

Je mehr Zeit Sie für die wesentlichen Dinge nutzen können, umso besser sind Ihre Resultate. Das setzt voraus, dass Sie zum einen die wesentlichen Dinge und die unwesentlichen Dinge als solche identifizieren. Zweitens gilt es, Ihre Zeit für die wesentlichen Dinge zu nutzen und so wenig Zeit wie möglich mit unwesentlichen Dingen zuzubringen.

Die folgenden Instrumente werden Ihnen in vielen Situationen helfen sich zu organisieren und damit zu höherer Wirksamkeit gegenüber sich selbst, Ihren Vorgesetzten, Kollegen und, falls Sie eine Führungsfunktion haben, gegenüber Ihren Mitarbeitern zu kommen.

20 Vorteile konsequenten Zeitmanagements	
1	Konzentration auf das Wesentliche
2	Reduzierung von Verzettelung
3	Unterscheidung zwischen wichtigen und weniger wichtigen Vorgängen
4	Entscheidung über Prioritätensetzung und Delegation
5	Ausschaltung von Vergesslichkeit
6	Rationalisierung durch Aufgabenbündelung
7	Abbau und Handhabung von Störungen und Unterbrechungen
8	Abbau von Stress und Nervenverschleiß
9	Gelassenheit bei unvorhergesehenen Ereignissen
10	Selbstdisziplin in der Aufgabenerledigung
11	Planung des bevorstehenden Tages
12	Ordnung des Tagesablaufes

20 Vorteile konsequenten Zeitmanagements	
13	Überblick und Klarheit über die Tagesanforderungen
14	Bessere Einstimmung auf den nächsten Arbeitstag
15	Verbesserung der Selbstkontrolle
16	Zeitgewinn durch methodisches Arbeiten (»Goldene Stunde«)
17	Erfolgserlebnisse am Tagesende
18	Erreichung der Tagesziele
19	Höhere Zufriedenheit und Motivation
20	Steigerung der Leistungsfähigkeit

Leistungsfresser erkennen und eliminieren

Die beste Organisation und Planung nützt Ihnen nichts, wenn Sie Ihre Leistungsfresser nicht unter Kontrolle bringen. In der Literatur werden diese auch »Zeitfresser« genannt. Wir halten diesen Begriff für falsch, denn Zeit ist eine unabhängige Dimension, die einfach läuft. Was zerstört oder verringert wird, ist die mögliche Leistung in einem bestimmten Zeitabschnitt. Leistungsfresser sind eigene Gewohnheiten und Verhaltensweisen. Leistungsfresser sind auch Personen oder Tätigkeiten, die viel Zeit in Anspruch nehmen, uns unglaublich auf die Nerven gehen und am Ende mit wenigen Ergebnissen frustriert zurücklassen.

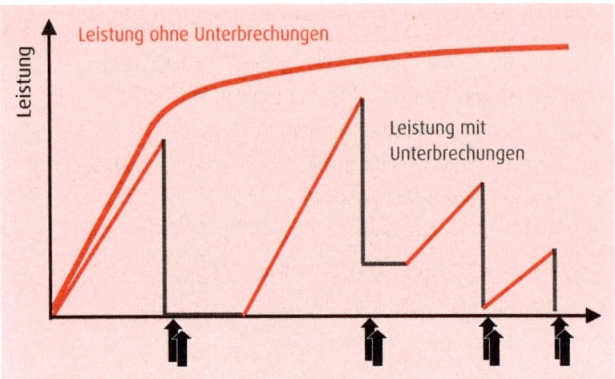

Das Bild bildet einen Arbeitstag ab: Die gezackten Linien symbolisieren Ihre Leistung in einzelnen Aufgaben, wenn Sie morgens anfangen zu arbeiten und

- sich von jedem für einen Schwatz stören lassen,

- mit der Antwort auf eine Mail beginnen und sich dabei unterbrechen, weil Sie (upps ..., da kommt eine Meldung auf den Bildschirm) eine weitere Mail öffnen, die gerade ankommt,

- Ihr Smartphone eine neue Nachricht anzeigt,

- .... .

Manchmal sieht so ein Arbeitstag, eine Arbeitswoche und leider auch ein Arbeitsleben aus: Was hätte erreicht werden können, bleibt unerreicht. Die durchgezogene Linie symbolisiert dagegen Ihre Leistung, wenn Sie konzentriert und mit klaren Verhaltensregeln arbeiten.

Jede Unterbrechung während der Bearbeitung einer Aufgabe verringert Ihre Leistung. Nachdem die Unterbrechung vorbei ist, müssen Sie sich erneut in die Aufgabe hineindenken. Erst nach einer gewissen Aufwärmphase können Sie an dem Punkt weitermachen, an dem Sie vorher unterbrochen wurden.

Sie können Leistungsfresser jedoch mit Verhaltensänderungen in den Griff bekommen. Dazu müssen Sie sie identifizieren, indem Sie einen Selbsttest durchführen.

- Er hilft Ihnen, unangenehme Störfaktoren zu erkennen. Sie lassen es dann nicht mehr zu, dass diese Störer Sie unterbrechen oder Ihre Arbeit blockieren.

- Sie ärgern sich nicht immer wieder über dasselbe Problem.

Wie gehen Sie vor?

Fragen Sie sich offen und ehrlich, welche Verhaltensweisen (von Ihnen selbst oder anderen) Sie bremsen und hindern, Ihre Aufgaben zu erledigen.

Ermittlung der Leistungsfresser	trifft zu
Zeitplanung und Arbeitsmethodik	
• Eigene unklare Zielsetzung	☐
• Keine oder nur wenig Tagesplanung	☐
• Versuch, zu viel auf einmal zu tun	☐
• Keine Aktivitätenliste	☐
• Spontane Prioritäten	☐

Ermittlung der Leistungsfresser	trifft zu
Persönlicher Arbeitsstil	
• Überhäufter Schreibtisch	☐
• Defizitäre Ablage (Struktur/Inhalt)	☐
• Viel Papierkram und Lesen	☐
• Viele (Absicherungs-)Mails	☐
• Selber viel Detail-/Faktenwissen wollen	☐
Störungen durch andere	
• Häufige telefonische Unterbrechungen	☐
• Spontane, unangemeldete Besucher	☐
• Langwierige, ergebnislose Besprechungen	☐
• Ablenkung, Lärm	☐
• Privater Schwatz	☐
Persönliche Schwachstellen	
• Hast, Ungeduld	☐
• Geringe Selbstmotivation	☐
• Eigene Unfähigkeit »Nein« zu sagen	☐
• Fehlende Selbstdisziplin	☐
• Aufschieberitis, Unentschlossenheit	
Zusammenarbeit	
• Mangelnde Koordination/Teamwork	☐
• Zu wenig Delegation	☐
• Unvollständige, verspätete Information	☐
• Zu viel und unpräzise Kommunikation	☐
• Wartezeiten (z. B. bei Terminen)	☐

Ermittlung der Leistungsfresser	trifft zu
Computer und Smartphone	
• Häufiges checken von Social Media (mehr als 2-mal pro Stunde)	☐
• Immer online auf allen Geräten	☐
• Abschweifen auf Websites, die nicht aktiv gesucht wurden	☐
• Smartphone liegt stets griffbereit (beim Essen, bei Meetings, neben dem Bett)	☐

Wenn Sie sich jetzt diese Liste ansehen, dann werden Sie feststellen, dass Sie sich bei bestimmten Personen oder Tätigkeiten viel Leistung (= Arbeitszeit) von anderen oder von sich selbst »fressen« oder »stehlen« lassen. Verhindern Sie dies, indem Sie Ihre Zeit nach Ihren Bedürfnissen und Zielen planen und sich Zeit nicht »wegnehmen« lassen.

Nehmen Sie sich die drei am leichtesten in Griff zu bekommenden Leistungsfresser vor: Was konkret werden Sie (z. B. eine Woche lang) machen, wenn Sie diese bei sich oder von anderen erleben? Tragen Sie diese Verhaltensweisen in Ihren Kalender ein oder schreiben sie auf Post-Its, damit Sie Ihnen präsent sind.

Studien zeigen, dass Smartphone-Nutzer ca. 50- bis 200-mal am Tag Nachrichten prüfen. Insgesamt werden bis zu 3 Stunden täglich für die Nutzung von mobilen Geräten verwendet. Gleichzeitig warnen Wissenschaftler (Alexander Markowetz et al. 2015) vor den Folgen übermässiger Nutzung, die Burnout und Depression verursachen kann. Wir möchten Sie an dieser Stelle sensibilisieren, mit den Geräten bewusst umzugehen.

Die Pomodoro-Technik: Abhilfe gegen Leistungsfresser

Sie müssten dringend ein wichtiges Gespräch vorbereiten, ein Angebot erstellen, eine knifflige Problemlösung oder eine andere wichtige Aufgabe bearbeiten? In solchen Situationen hilft Ihnen die Pomodoro-Technik weiter. Franscesco Cirillio, ihr »Erfinder«, stieß auf eine kleine Wunderwaffe in der Zeitplanung: den Küchenwecker. In Italien haben diese Uhren die Form einer Tomate (ital. Pomodoro).

Manche Aufgaben erscheinen riesig und unüberwindbar groß. Für viele von uns eine Einladung zum Aufschieben. Es fällt schwer, damit anzufangen, und dann wird oft die schnelle Entscheidung getroffen, das mache ich lieber morgen oder an einem anderen Tag. Und damit nimmt die Aufschieberitis ihren Lauf. Hier kommt die Pomodoro-Technik ins Spiel. Manche (große) Aufgaben brauchen viele Pomodori.

Wie gehen Sie vor?

- Wie lange können Sie sich tatsächlich auf eine Aufgabe konzentrieren? Finden Sie Ihren Pomodoro (z. B. 45 oder 60 Min.), in dem Sie konzentriert an einer Aufgabe arbeiten können. Damit Sie auch wirklich nicht gestört werden, planen Sie Pomodori am Besten ein, wenn Sie am wenigsten gestört werden.

- Gönnen Sie sich Pausen (5 oder 10 Min.) zwischen den einzelnen Pomodoro-Zeiten.

- Umgang mit Geistesblitzen: Während Sie höchst konzentriert an einer Aufgabe arbeiten, kommen oft Erinnerungen, was auch noch gemacht werden muss, auf keinen Fall vergessen werden darf oder sonstige gute Einfälle. Halten Sie diese sofort fest (Papier/Smartphone).

- Umgang mit Störungen: Störungen von außen (Kollegen möchten einen Kaffee mit Ihnen trinken, Mitarbeitende haben eine Frage, das Telefon klingelt, eine E-Mail oder sonstige Nachricht erreicht sie) begegnen Sie, indem Sie sich bewusst entscheiden, wofür Sie Zeit haben und wofür nicht.

- Wenn die Pomodoro-Zeit anfängt zu laufen, bleiben Sie bei der Aufgabe – lassen Sie sich von sich selber und anderen nicht unterbrechen. Jetzt ist keine Zeit für Blockaden, Ängste und Perfektionismus. Es geht einfach »nur« um das Tun. Und falls Sie es gar nicht schaffen anzufangen, dann heißt das, Sie starren 45 Minuten in die Luft. Etwas anderes machen ist einfach nicht erlaubt. Vielleicht schaffen Sie es dann in Minute 43 doch noch anzufangen.

Das Arbeitsprotokoll

Eine weitere Möglichkeit, das eigene Zeitmangement zu überprüfen, ist das Protokollieren der eigenen Tätigkeiten. Das ist zwar etwas mühsam, doch unsere Klienten loben seine »therapeutische Wirkung«.

Viele fühlen sich am Abend oder am Wochenende ausgelaugt und müde und haben trotzdem das Gefühl, wenig erreicht und geleistet zu haben. Hier leistet das Arbeitsprotokoll gute Hilfe: Es gibt Ihnen genaue Auskunft darüber, was Sie an welchem Tag wann und wo getan haben.

Wozu ein Arbeitsprotokoll?

- Das Arbeitsprotokoll verschafft Ihnen einen Überblick, wo eigentlich Ihre Zeit geblieben ist.
- Mittels eines Arbeitsprotokolls können Sie feststellen, ob und wo Sie Ihre Prioritäten hatten.
- Sie können überprüfen, ob die Prioritäten mit Ihren eigenen Absichten und Zielen übereingestimmt haben.

Wie gehen Sie vor?

Halten Sie an zwei festgelegten Tagen genau fest, was Sie alles machen. Wenn Sie das Arbeitsprotokoll jedes Jahr nur einmal einsetzen, erhalten Sie sehr schnell Klarheit, ob Sie Ihren Prioritäten folgen oder nicht.

Das Arbeitsprotokoll macht transparent, wo Ihre Zeit bleibt. Sie können dazu auch gezielt nützliche Apps wie Habit List oder Hours einsetzen.

Datum:		Ziele:								
08.00	5	10	15	20	25	30	35	40	45	50	55
09.00	5	10	15	20	25	30	35	40	45	50	55
10.00	5	10	15	20	25	30	35	40	45	50	55
11.00	5	10	15	20	25	30	35	40	45	50	55
12.00	5	10	15	20	25	30	35	40	45	50	55
13.00	5	10	15	20	25	30	35	40	45	50	55
14.00	5	10	15	20	25	30	35	40	45	50	55
15.00	5	10	15	20	25	30	35	40	45	50	55
16.00	5	10	15	20	25	30	35	40	45	50	55
17.00	5	10	15	20	25	30	35	40	45	50	55
18.00	5	10	15	20	25	30	35	40	45	50	55
19.00	5	10	15	20	25	30	35	40	45	50	55

Notieren Sie:

Besprechungen	**V**erkaufen
Telefonieren	**T**elefongespräche
Plaudern und Zeit vergehen lassen	**C**hef
Administration	**B**eziehungsarbeit

Das Eisenhower-Prinzip: Wichtigkeit und Dringlichkeit unterscheiden

Wie priorisiert man Aufgaben? Eine wichtige Hilfe bei der Zielplanung ist das Eisenhower-Prinzip: die Unterscheidung in Dringlichkeit einerseits und Wichtigkeit andererseits. Nicht alles, was dringlich ist, ist auch wichtig! Jeder kennt die Situation, dass derjenige, der am lautesten schreit oder am einflussreichsten ist, am ehesten bedient wird – und sei es nur, um ihn zur Ruhe zu bringen. Dies ist eine für die eigene Zielverfolgung gefährliche Sache. Schließlich müssen Sie Ihre Angelegenheiten unter Kontrolle halten, und nicht der lauteste Störer.

- Die Wichtigkeit beschreibt den Wert (ideell oder materiell) einer Aufgabe, einer Tätigkeit oder eines Zieles: hoch wichtig oder weniger wichtig.

- Die Dringlichkeit beschreibt, wie schnell eine Aufgabe, eine Tätigkeit oder ein Ziel erreicht werden soll: es hat noch Zeit oder es muss schnell erledigt oder erreicht werden.

- Mit einer klaren Unterscheidung steigern Sie Ihre Effektivität: es gilt, die richtigen Dinge zu tun.

- Die Anwendung der Priorisierung (Wichtigkeit) verhindert, sich mit Unwichtigem zu verzetteln, und hilft, dass die wichtigen Dinge nicht vergessen werden.

Wie gehen Sie vor?

Mithilfe des Eisenhower-Prinzips entscheiden Sie (beispielsweise bezüglich Ihrer Aufgabenliste), ob Sie die Aufgabe sofort, später oder gar nicht bearbeiten. Je nach hoher oder niedriger Dringlichkeit und Wichtigkeit einer Aufgabe können Sie sehr einfach den Zeitpunkt der Bearbeitung einer Aufgabe festlegen.

Wichtigkeit und Dringlichkeit sind unabhängig voneinander

Das Eisenhower-Prinzip sagt Ihnen, was wirklich wichtig ist:

Wichtigkeit und Dringlichkeit	dringlich	nicht dringlich
wichtig	A-Aufgaben selbst machen **Quadrant der Notwendigkeit**	B-Aufgaben Planen/Delegieren **Quadrant der Qualität**
unwichtig	C-Aufgaben < 5 Min. selbst machen **Quadrant der Täuschung**	sofort selber wegwerfen **Quadrant der Verschwendung**

- **A-Aufgaben**, die wichtig und dringlich zugleich sind, bringen Ihnen bei guter und rechtzeitiger Bearbeitung sehr viele Vorteile. Diese Aufgaben müssen Sie selbst zügig erledigen.

- **B-Aufgaben**, die zwar für Sie wichtig, aber (noch!) nicht dringlich sind, müssen Sie planen und später erledigen. Gegebenenfalls können Sie sie delegieren und zwischendrin kontrollieren.

- **C-Aufgaben**, die zwar dringlich, aber für Sie selbst nicht wichtig sind, müssen Sie schnell selbst erledigen, wenn Sie dafür weniger als 5 Minuten benötigen. Sie können sie aber z.B. auch dann erledigen, wenn Sie auf jemanden warten.

Anmerkung: In der Literatur wird häufig empfohlen, C-Aufgaben zu delegieren. Das ist unserer Ansicht nach jedoch selten möglich (weil sie ja schnell erledigt werden müssen!). Deshalb ist es auch wichtig, in Ihrer Tagesplanung Pufferzeiten für Unvorhergesehenes einzuplanen.

KISS – Keep it simple and stupid!

Eine einfache Alternative zur Priorisierung ist, die Aufgaben in strategische und reaktive Aufgaben zu unterscheiden.

- **Aktive positive Aufgaben (Priorität 1 oder A):** langfristig orientierte, strategische, der eigenen oder Unternehmensentwicklung dienende Themen, Nachdenkzeiten, Konzepte machen, planen, vorbereiten, Lösungen für Vorgesetzte finden, Netzwerken, Klausur, Statusaufnahme, Lernzeiten

- **Reaktive Aufgaben (Priorität 2 oder B):** Sie müssen gemacht werden, damit der Laden läuft – Tagesgeschäft, Pflichtaufgaben, Telefon, Mails, Besprechungen, Reisen

Wie gehen Sie vor?

Mithilfe des KISS-Prinzips entscheiden Sie, welche Aufgaben Ihnen helfen, Ihre langfristigen Ziele zu realisieren. Diese drohen wie schon angemerkt im Alltag unterzugehen. Aus unserer Beobachtung gilt es (täglich, wöchentlich, monatlich), über das Jahr dafür 10-20 % der Zeit fest zu blocken und konsequent die aktiven positiven Aufgaben zu verfolgen. Wer keine Zeit dafür reserviert, wird einfach vom Alltag überrollt und unterwirft sich der Routine.

> Tipp: Priorisieren Sie Ihre Aufgaben einen Monat nach der Eisenhower-Methode und einen Monat nach dem KISS-Prinzip. So finden Sie heraus, welche Technik Ihnen leichter fällt.

Planen Sie stille Stunden fest ein

Was ist das?

Um sich vor externen Leistungsfressern zu schützen gibt es nur die Möglichkeit, sich konzentriert wichtigen Aufgaben zu widmen. Diese stille Stunde (Goldene Zeit, Ich-Zeit) ist die Zeit, die Sie sich geben, um sehr wichtige, anspruchsvolle oder hohen Nutzen bringende Aufgaben anzugehen. In dieser Zeit lassen Sie sich nicht stören.

Welchen Nutzen bringt sie?

- Aufgaben, die sorgfältig und in Ruhe bearbeitet werden müssen, können in der stillen Stunde angegangen werden.

- Sie haben sich Zeit reserviert, um sich z. B. erste Gedanken über über wichtige Aufgaben von Vorgesetzten zu machen.

- Sie haben Gelegenheit, sich beispielsweise ein möglichst objektives Bild über ... zu machen.

- Sie können diese Zeit nutzen, um sich Ihre Meinung bezüglich einer Sache, die Sie mit sich herumtragen und Sie immer wieder Zeit und Energie kostet, zu bilden.

- Sie arbeiten konzentrierter, schneller und machen weniger Fehler.

Wie gehen Sie vor?

- Die Praxis zeigt, dass das berufliche und private Umfeld nicht immer Verständnis für solches Verhalten hat. Gleichzeitig erleben wir, dass Unternehmen heute bewusst die Ausübung der Tätigkeit im Home-Office fördern, um konzentriertes Arbeiten zu ermöglichen und Reisezeiten zu reduzieren. Deshalb ist die Identifizierung der eigenen Möglichkeiten, gekoppelt mit Disziplin, der erste Schritt in der Planung.

- Damit Sie auch wirklich nicht gestört werden, planen Sie die stille Stunde an einer Tagesrandzeit ein – oder dann, wenn Sie am wenigsten gestört werden.

- Reservieren Sie sich konsequent wöchentlich und/oder monatlich (idealerweise täglich) stille Stunden.

Entscheiden Sie auch, ob Sie sich smartphonefreie Zonen gönnen. Ständige Erreichbarkeit über verschiedene Kanäle fordert und überfordert uns zum Teil auch. Deshalb werden effektive Erholungszeiten, ohne erreichbar zu sein, umso wichtiger. Das Smartphone im Schlafzimmer ist nicht nur wegen des bläulichen Lichts ein Störer: »Smartphone-Aktivitäten vor dem Einschlafen stehen der Entspannung entgegen, die das Einschlafen fördert«, betont Alfred Wiater, Vorsitzender der Deutschen Gesellschaft für Schlafforschung und Schlafmedizin (DGSM).«

Planen Sie Aufgaben mit ALPEN!

Eines der wichtigsten Instrumente für effektives Arbeiten ist der Tagesplan. Ein realistischer Tagesplan enthält grundsätzlich nur das, was Sie an diesem Tag erledigen wollen, müssen und vor allem auch können! Je mehr Sie die gesetzten Ziele für erreichbar halten, umso mehr mobilisieren Sie auch Ihre Kräfte und konzentrieren sie darauf, diese Ziele zu erreichen.

Wozu Tagespläne?

- Sie enthalten alle Aktivitäten, die Sie an einem Tag abarbeiten wollen. Sie müssen Sie in der verfügbaren Zeit erledigen können.

- Sie verschaffen Ihnen einen schnellen Überblick und stellen sicher, dass Sie nichts vergessen.

- Sie konzentrieren den Blick auf das Wesentliche. Damit bannen Sie die Gefahr, sich zu verzetteln!

Was bedeutet Planen nach der ALPEN-Methode?

Eine wichtige Empfehlung aus unserer täglichen Erfahrung: **Machen Sie beim Erfassen von Aufgaben immer sofort einen Termin, an dem Sie diese Aufgabe erledigen.** Wir sehen vielfach, dass Aufgaben in Listen gesammelt werden und die Verbindung zum Kalender fehlt. Auf diese Weise sammeln sich immer mehr Aufgaben an, der Druck wird größer, die Aufgabenlisten verkommen und wichtige Aufgaben werden nur unter Druck erledigt.

Gerade wenn Sie meinen, in Arbeit zu ersticken, resignieren Sie nicht! Gehen Sie nach der ALPEN-Methode vor. Sie hilft Ihnen, Ihren Tag systematisch zu planen, und zwar in fünf Stufen. Mit ihr können Sie sich leicht daran gewöhnen, Ihre Zeit laufend zu planen.

Die ALPEN-Methode hilft der Übersicht:

Alles aufschreiben
Länge schätzen
Pufferzeiten einplanen
Entscheiden: Priorität
Nachkontrolle

1. Alles aufschreiben

   Sammeln Sie alle Aktivitäten. Dazu gehören Aufgaben, Termine, Tagesarbeiten, Unerledigtes.

2. Länge schätzen

   Für alle Tätigkeiten schätzen Sie den Zeitbedarf.

3. Pufferzeiten einplanen

   Es gilt die Regel, dass Sie nur 60 % Ihrer Tageszeit fix verplanen und 40 % Ihrer Tageszeit für Unvorhergesehenes reservieren (60:40-Regel). Wenn Ihnen dies zu hoch gegriffen erscheint, arbeiten Sie zunächst eine Zeitlang mit dieser Regel und prüfen Sie dann, welcher Quotient Ihrer Erfahrung nach für Sie richtig ist.

4. Entscheidung: Priorität

Setzen Sie Prioritäten, kürzen Sie Besprechungen, delegieren Sie Aufgaben und Termine.

5. Nachkontrolle

Am Ende eines Arbeitstages oder einer Woche überprüfen Sie Ihren Tagesplan. Alle unerledigten Aufgaben übertragen Sie entweder auf einen der kommenden Tage oder in Ihre Aktivitätenliste (siehe auch das folgende Kapitel »Zeitplaner und Organizer«).

Zeitplaner und Organizer

Zeitplaner, ob elektronisch (Computer, Tablet oder Smartphone) oder in Papierform, sind weit mehr als einfache Terminsammler. Sie sind ein Führungsinstrument für die Zeit- und Zielplanung. Ein Zeitplaner enthält Termine, Aktivitätenlisten, Prioritäten, Tagespläne, Wochen- und/oder Monatsübersichten, Jahresübersichten und sonstige wichtige Informationen. Zeitplaner lassen sich vielfältig nutzen: als Terminkalender, Notizbuch, Planungsinstrument, Erinnerungshilfe, Adressbuch, Ideenspeicher und Kontrollwerkzeug.

Welche Vorteile bieten Zeitplaner und Organizer?

- Sie geben einen Überblick über anstehende Aufgaben (Aktivitätenliste) und geplante Termine (Tages-, Monats- und Jahresplan).

- Sie dienen als Planungsinstrument, indem Sie anstehenden Aktivitäten Prioritäten zuordnen und die Aufgaben dann in Ihrer Tagesplanung bzw. Monatsplanung berücksichtigen.

- Da Sie Kontakte und Aktivitäten konkret mit Terminen versehen haben, ist es für Sie einfach, am Ende eines Tages, einer Woche oder eines Monats Bilanz zu ziehen. Sie erkennen sehr schnell, welche Aufgaben erledigt sind und welche noch anstehen.

- Sie unterstützen Sie bei der Nachkontrolle.

Wie gehen Sie vor?

1	Alle für Sie relevanten Aktivitäten erfassen Sie in einer Aktivitäten-liste.
2	Sie ordnen die Aktivitäten. Strukturierungsmerkmale sind Fertig-stellungstermin und logische Zusammengehörigkeit von mehreren Aktivitäten.
3	Sie schätzen die Bearbeitungszeit der einzelnen Aktivitäten.
4	Sie setzen Prioritäten.
5	Tragen Sie Termine ein.
6	Sie machen die Planung für den anstehenden Tag. Variante 1: Spätestens am Vortag planen Sie Ihren nächsten Tag. Dadurch erhalten Sie Transparenz und Klarheit über die Anforderungen des nächsten Tages. Als Basis dient Ihnen Ihre Aktivitätenliste. Darin sehen Sie, bis wann eine Aufgabe bearbeitet sein muss und wie wichtig eine bestimmte Aufgabe ist. Variante 2: Rollierend und laufend planen Sie die Erfassung neuer Aufgaben mit der ALPEN-Methode.

7	Sie halten sich bewusst ca. 40 % der Zeit pro Tag frei für Unvorhergesehenes.
8	Aktivitäten, Kontakte, die Sie noch nicht konkret terminieren können/wollen, notieren Sie in der Aktivitätenliste ohne Termin.
9	Am Ende eines Tages überprüfen Sie Ihren Tagesplan. Alle nicht erreichten Tagesziele werden bei der nächsten Tagesplanung noch mal berücksichtigt.
10	In einem für Sie geeigneten Rhythmus überprüfen Sie Ihre Aktivitätenliste. Dieser Rhythmus kann z. B. wöchentlich sein. Alle erledigten Aktivitäten erhalten den Status »erledigt«, alle Aktivitäten, deren Termin bereits erreicht ist und die noch nicht bearbeitet sind, müssen neu terminiert werden.

Aktivitätenliste

In der Aktivitätenliste halten Sie alle Aufgaben fest, die in Ihrer Verantwortung liegen. Sie dient dazu,

- die Zettelwirtschaft abzubauen und alle wöchentlichen Aufgaben im Überblick darzustellen;

- die eigenen Kräfte immer wieder zu konzentrieren, Verzettelung zu verhindern;

- Sie laufend an Kernaufgaben zu erinnern.

Wie gehen Sie vor?

1. Tragen Sie jede wichtige Aktivität in Ihre Liste ein.

2. Versehen Sie jede Aktivität mit einem Endtermin.

3. Ordnen Sie jeder Aktivität eine Priorität zu.

4. Überprüfen Sie bei Ihrer regelmäßigen Tages-, Wochen- und Monatsplanung Ihre Liste. Fügen Sie neue Aktivitäten hinzu. Erledigte erhalten den Status »ok«. Aktivitäten, deren Fertigstellungstermin bereits überschritten ist, terminieren Sie neu.

5. Aktivitäten, für die Sie verantwortlich sind, die Sie jedoch nicht unbedingt selbst erledigen müssen, können Sie – falls möglich – an jemand anderen delegieren. Für die Terminüberwachung sind jedoch Sie zuständig.

Die Aktivitätenliste schafft Überblick und Ordnung für Ihre Aufgaben.

Datum	Priorität	Aktivität Was?	Bis wann?	Wer?	Ok?

Planen Sie!

Wir sehen bei unserer Arbeit täglich, dass bei mangelnder Planung Stress entsteht. Bei schlechter Planung handeln viele nach dem Motto: »Nachdem ich das Ziel aus den Augen verloren habe, muss ich meine Anstrengungen verdoppeln.« Diesen Stress können Sie sich sparen, wenn Sie ein paar einfache Regeln beherzigen.

Wie gehen Sie vor?

Wählen Sie aus den folgenden Tipps, die aus, die Ihnen am leichtesten fallen. Starten Sie mit ca. drei Tipps für die nächsten vier Wochen Danach wählen Sie die nächsten für den folgenden Zeitraum. Sie werden sehen: Stress lässt sich vermeiden, wenn Sie es nur wollen!

Liste für effiziente Planungsarbeit	
1	Die Zeitplanung wird meist auf der Monats-, Wochen-, Tages- und Stundenebene durchgeführt. Wenn wir zusätzlich Lebens- oder Berufsziele verfolgen, können wir über Jahre hinaus planen.
2	Planen Sie einen überschaubaren Zeitabschnitt. Je weiter in der Zukunft geplant wird, desto unsicherer ist zumeist die Erfüllung dieser Pläne.
3	Planen Sie schriftlich! Nur was tatsächlich aufgeschrieben ist, ist überschaubar. Nur wenige Menschen können alles im Gedächtnis behalten. Außerdem motiviert das Aufgeschriebene, die Dinge auch durchzuführen.
5	Wählen Sie keinen zu kurzen Zeitabschnitt für Projekte. Die Planung dient ja der Übersicht, Zeiteinteilung und Arbeitsvorbereitung.
6	Planen Sie auf jeden Fall für jeden Tag, jede Woche und jeden Monat! Die Zeit fließt, und nur wenn wir zusammenhängende, fixierte Strukturen bilden können, erhalten wir einen Überblick. Ein ungeplanter Arbeitstag ist ein verlorener Tag!
7	Bestimmen Sie den Zeitbedarf für jede Arbeit. Nur Planung erlaubt auch Kontrolle!
8	Fassen Sie gleichwertige geistige Arbeiten zusammen. Von einem technischen Problem auf ein soziales umzusteigen, braucht eine gewisse Zeit. Um die geistige Adaptionszeit herabzusetzen, sollten Aufgabenpakete mit gleichem Inhalt (oder gleicher Sprache) geschaffen werden.

Liste für effiziente Planungsarbeit

9	Fassen Sie Arbeiten am gleichen Ort zusammen. Wegzeiten sind meistens Leerzeiten. Durch »Wanderschaft« gehen viele Arbeitsstunden verloren.
11	Legen Sie Termine fest. Berücksichtigen Sie alle bisherigen Ausführungen. Halten Sie in Ihrer Zeitplanung zuerst die regelmäßigen Verpflichtungen, anschließend die wichtigen, aber zeitlich nicht gebundenen Tätigkeiten und schließlich die übrigen Aufgaben fest.
12	Überprüfen Sie, ob Sie an alles gedacht haben.
13	Stimmen Sie Ihren Zeitplan mit allen an Ihrem Aufgabengebiet Beteiligten ab.
14	Als Vorgesetzter: Schaffen Sie feste Termine mit einer klaren Agenda. So können Gespräche, zufällige Störungen, spontaner Schwatz und Rückdelegation besser kanalisiert werden.
15	Menschen in Großraumbüros oder in Teams erledigen ihre Aufgaben am effizientesten vor oder nach der Kernarbeitszeit. Wichtiges wird durch andere oder eigene schlechte Gewohnheiten unterbrochen. Durch Unterbrechungen wird die Leistungsfähigkeit immer wieder für die gerade zu bearbeitende Aufgabe herabgesetzt. Man braucht Zeit, um wieder in die Arbeit hineinzukommen. Eliminieren Sie Ihre Leistungsfresser!
16	Schaffen Sie sich stille Stunden während des Tages, in denen Sie ungestört wichtige A-Arbeiten erledigen können.
17	Schaffen Sie sich solche Zeiten, in denen Sie für andere Zeit haben (Telefon, Anfragen, kurze Besprechungen): grünes Zeitsignal.
18	Schaffen Sie sich solche Zeiten, in denen Sie nicht erreicht werden können und dürfen: rotes Signal. Richten Sie auch Ihre Terminplanung auf diese Zeiten aus.
19	Die stillen Stunden legen Sie auf eine Zeit des Tages, in der Sie sowieso schon relativ wenig gestört werden! Meistens ist dies kurz nach der Mittagspause, am frühen Morgen oder abends. Das kann aber individuell verschieden sein.

Liste für effiziente Planungsarbeit

20	Hängen Sie die ewigen Störer oder Leistungsfresser ab, indem Sie das Telefon während der störungsfreien Zeit abstellen. Sie können sich auch mit dem Anrufer kurz auf einen Rückruf einigen. Sie können ansonsten evtl. Ihr Büro abschließen oder einen anderen Schreibtisch suchen, bis man sich an Ihre »neue Mode« gewöhnt hat.
21	Signalisieren Sie visuell mit einem Aufhänger oder einem Aufsteller »Bitte nicht stören« oder verwenden Sie dazu eine grüne oder rote Karte auf dem Schreibtisch (ansprechbar/nicht ansprechbar).
22	Legen Sie Listen an für alles, was Ihre Planung betrifft. Sie behalten so einen Überblick über das zu Erledigende und über die möglichen Störfaktoren darin.
23	Gönnen Sie sich Pausen. Sie dienen der Erholung und geben wieder Kraft.
24	Gönnen Sie sich jeden Tag etwas, das Ihnen Freude macht.
25	Überlegen Sie, wie Sie zeitraubende Aktivitäten verringern können.
26	Bündeln Sie Detailaufgaben. Gruppieren Sie sie, wie Sie wollen. • Wenn Sie dann mehrere Aufgaben gebündelt haben und in Ihrem Zeitplan einmal ein Loch entsteht, dann erledigen Sie die kleinen und kleinsten Aufgaben in einem Block (C). • Streichen Sie erledigte Kleinstaufgaben.

Wie Sie effektiv mit anderen zusammenarbeiten

Die Zusammenarbeit mit anderen Menschen macht die eigene Selbstorganisation störanfällig. Wenn Sie die entsprechenden Techniken beherrschen, können Sie wirksam gegensteuern.

In diesem Kapitel erfahren Sie wie Sie

- in Gesprächen schneller Ergebnisse erzielen,
- mit Telefon- oder Videokonferenzen und E-Mails umgehen,
- Präsentationen transparent gestalten und ohne Lampenfieber überstehen,
- Vorträge mit visuellen Hilfsmitteln bereichern.

Bereiten Sie Gespräche vor!

Wie häufig sitzen wir stundenlang in Besprechungen und fragen uns schließlich: Was hat es uns gebracht? Aus unterschiedlichen Untersuchungen geht hervor, dass fast die Hälfte aller Meetings unproduktiv ist und Zeitverschwendung bedeutet. Wer sich selbst zu managen gelernt hat, kann solchen unproduktiven Gesprächen jedoch gut vorbeugen. Die Tipps für die Besprechungsvorbereitung, die wir Ihnen im Folgenden geben, eignen sich für jedes Gespräch oder jede Verhandlung, egal ob informeller oder formeller Art. Auch bei der Vorbereitung von Gesprächen arbeiten Sie mit Zielformulierungen.

Warum sind Ziele für Gespräche wichtig?

In jeder Gesprächssituation gibt es Ziele, die Sie auf jeden Fall erreichen müssen: Wir nennen sie »Mussziele«. Darüber hinaus gibt es aber auch negative Punkte, die es auf jeden Fall zu vermeiden gilt.

Beispielsweise reagieren Sie oder Ihr Gesprächspartner auf bestimmte Zielvorstellungen empfindlich. Daher ist es wichtig, diese zu kennen und zu vermeiden. Die Vorbereitung auf ein Gespräch schließt folglich mit ein, dass wir uns mit der eigenen Position und auch mit der des Verhandlungspartners ernsthaft auseinandersetzen.

Wozu Gespräche vorbereiten?

Die Gesprächsvorbereitung hat viele Vorteile:

- Durch die Zielformulierung erschließen Sie sich wesentliche Informationen und Meinungen des Gesprächspartners.

- Sie konzentrieren sich auf das Wesentliche in einem Gespräch. Dadurch werden Sie weniger Opfer von Zufallsdiskussionen.

- Sie werden nicht mit Argumenten konfrontiert, die Sie überraschen und dann Stress verursachen. Ihr Kopf bleibt frei.

- Sie müssen sich nicht darüber ärgern, dass Sie bestimmte Punkte und Argumente Ihres Verhandlungspartners hätten vorausahnen müssen.

Formulieren Sie Ziele für Ihr Gespräch!

Thema: _____ Datum/Ort: _____	Teilnehmer: _____ Sonstiges: _____
1	Was ist mein Hauptziel?
2	Welche Entscheidungen könnten/müssen getroffen werden?
3	Was muss ich erreichen?
4	Was muss ich vermeiden?
5	Was muss mein Gesprächspartner erreichen?
6	Was muss mein Gesprächspartner vermeiden?
7	Wo liegen unsere möglichen Zielkonflikte? Was heißt das für die Gesprächseröffnung?

BEISPIEL: GESPRÄCHSVORBEREITUNG

Thema: Mitarbeiterbeurteilung und Weiterentwicklung Datum/Uhrzeit/Ort: 20.01.20XX/11.30/sein Büro	Teilnehmer: Sticker, Taylor Sonstiges: Unterlagen für Vorbereitung am 7.1. abgeben

1	Was ist mein Hauptziel bei der Besprechung?
	• letzte Abmachungen überprüfen
	• Klärung der Mitarbeiterbeurteilung
	• nächste Schritte gemeinsam festlegen
2	Welche Entscheidungen könnten/müssen getroffen werden?
	• Obere Punkte: Termine? Kurse und weitere Aufgaben: besondere Ausbildungsmaßnahmen
	• Welche Schwerpunkte sollen gesetzt werden?
3	Was muss ich erreichen (Mussziel)?
	• Klarheit und Vertrauen
	• Klärung: Steht etwas gegen die Mitarbeiterbeurteilung/ Laufbahnentwicklung sowie die verbundenen notwendigen Fördermaßnahmen?
4	Was muss ich vermeiden?
	• Ausübung von Zwang
	• Es darf nicht auf einen Wunsch nach einer Beförderung hinauslaufen.
	• Es darf nicht auf Alibimaßnahmen oder etwa einen Anspruch auf bestimmte Maßnahmen hinauslaufen.
5	Was muss mein Gesprächspartner erreichen?
	• Klare Informationen über unsere Einschätzung von ihm selber
	• Klarheit über das weitere Vorgehen, das wir mit ihm planen
6	Was muss mein Gesprächspartner vermeiden?
	• Einen unentschlossenen bzw. unklaren Eindruck machen
	• Überzogene Forderungen stellen
7	Wo liegen unsere möglichen Zielkonflikte?

Umgang mit Telefon- und Videokonferenzen

Was ist das?

Besprechungen mit mehreren Personen über Telefon oder Computer sind eine gute Alternative zu physischen Zusammenkünften. Aufgrund schneller Datenleitungen sind die technischen Voraussetzungen inzwischen hervorragend.

Welchen Nutzen bringen sie?

- Sie ersparen Reisen und somit Kosten und Zeitaufwand.
- Sie können vom Arbeitsplatz oder Videokonferenzräumen aus geführt werden, weshalb dem Teilnehmer während der ganzen Zeit seine gewohnte Infrastruktur zur Verfügung steht.

Vorgehen

Eine virtuelle Konferenz können Sie einsetzen, wenn es die die Prozesse erfordern, dass sich Teilnehmer, die an unterschiedlichen Standorten tätig sind, persönlich treffen oder wenn durch mehrmaliges Hin-und-her-senden von E-Mails zu viel Zeit verschwendet würde.

Was man vor einer Telefon- oder Videokonferenz wissen muss:

- Was ist das Ziel:
  P = Problemklärung (mit Vorschlägen)
  I = Information
  L = Lösungssuche
  E = Entscheid
  M = Meinungsbildung
  A = Aufgabe

- Wer sind die Teilnehmer?

- Wann findet die Konferenz statt und wie viel Zeit muss ich dafür einplanen?

- Was sind die zu besprechenden Themen?

- Wo befinden sich die Teilnehmer?

- Welche Unterlagen erhält dazu wer in welcher Form?

Während der Konferenz gilt es zu beachten:

- Es gelten die gleichen Regeln wie bei Präsenzmeetings, doch müssen diese noch konsequenter befolgt werden.

- Wichtig ist ein pünktlicher Anfang.

- Die Moderation oder Leitung der Konferenz ist festgelegt.

- Eine klare und allen Teilnehmern bekannte Rollenverteilung ist definiert.

- Alle Teilnehmer konzentrieren sich auf die Konferenz und machen nichts anderes nebenher (keine Mails lesen, beantworten etc.).

- Hintergrundgeräusche sind auszuschalten.

- Stellen Sie Ihr Mikrofon stumm, wenn Sie keinen Redebeitrag leisten.

- Machen Sie sich Gesprächsnotizen.

- Der jeweilige Sprecher wird nicht unterbrochen und kann seinen Beitrag zu Ende sprechen.

- Redezeiten sind einzuhalten.

- Je nach Qualität der Verbindung ist mit Sprachverzögerungen zu rechnen.

- Am Schluss folgen eine Zusammenfassung der Ergebnisse und eine Besprechung der noch offenen Punkte.

Umgang mit E-Mails zu Hause und im Beruf

Am 3. August 1984 kam die erste E-Mail in Deutschland an. Mittlerweile ist E-Mail ein zentrales Kommunikationswerkzeug. Trotzdem bestehen nach wie vor große Defizite bei der effektiven Nutzung von E-Mails. Im Folgenden erhalten Sie Hilfen und Tipps wie Sie die Aufgabe »E-Mails bearbeiten« professionell angehen.

Was ist beim Einsatz von E-Mails als Aufgabe zu beachten?

E-Mails können Segen sein, aber bei naivem Einsatz zum Fluch werden:

Die **übervolle Inbox** wird zum Stressor.

- Spam füllt die Inbox und lenkt ab.

- Die technischen Möglichkeiten werden nicht genutzt.

- Die Betreffzeile hat keine oder zu geringe Aussagekraft: Eine Betreffzeile mit »AW: AW:« zeugt von Oberflächlichkeit.

- E-Mail-Ping-Pong («Echtzeitfalle"): die E-Mail verkommt zum Chat.

- Ständige Erreichbarkeit führt zu hoher psychicher Belastung.

- Ständige Unterbrechungen durch neue E-Mails schaffen Ineffizienz und schlechte Leistung.

Allgemeine Hinweise zum Umgang

- Lesen Sie den Posteingang nicht laufend, sondern nur 1- bis 3-mal pro Tag zu bestimmten Zeiten. Legen Sie, wenn möglich, Antwortzeiten fest (innerhalb 1 Tag, niemals sofort). Das verhindert Verzettelung. Gleichzeitig signalisieren Sie, nicht immer online zu sein und reduzieren die Erwartungen.

- Sehen Sie im Tagesablauf feste Bearbeitungszeiten vor. Es ist eine wiederkehrende Aufgabe und die Planung brauchen Sie nicht dem Zufall überlassen.

- Nutzen Sie rigoros den Spamfilter.

  - Schalten Sie unbedingt alle visuellen und akustischen Signale aus. Diese lenken nur ab.

  - Machen Sie aus Mails und daraus entstehenden Aufgaben Termine. Sie können dazu die Mail anklicken, festhalten, in den Kalender ziehen und dort eine gewisse Zeit zum Erledigen der Aufgabe reservieren.

  - Um die Übersichtlichkeit zu bewahren ist es wichtig, dass nur die unbearbeiteten und evtl. noch auf Antwort bzw. Erledigung wartenden Mails im Posteingang sind.

  - Legen Sie für sich eine für Sie klare Ablagestruktur fest und zwar für den Posteingang und für alle Dateien in der Anlage.

  - Empfehlenswert ist, nur ein Ablagesystem zu nutzen (z. B. im »Eigene Dateien«). Alle Anlagen werden dorthin verschoben.

  - Verwenden Sie die Regel-Funktionen:
    Abwesenheitsregel: »Bin nicht im Büro.«
    - Weiterleitungen, wer optional bestimmte E-Mails automatisch erhalten soll
    - Bis wann Sie abwesend sind und was in dieser Zeit mit Ihren E-Mails passiert (werden unregelmäßig gelesen, werden nicht gelesen, ...)
    - wer Sie zwischenzeitlich vertritt
    - wie Sie sonst zu erreichen sind

    Ablageregel: »z. B. alles von xy in Unterordner xy«.

Prinzipien beim Bearbeiten von E-Mails

Es gibt ein paar wenige Prinzipien, die bei der Bearbeitung des Posteingangs helfen, Übersichtlichkeit zu bewahren und gleichzeitig den Leistungsfresser «E-Mails checken" auf das Notwendige reduzieren.

A **Auslöschen** – sofort weg: haben Sie Mut zum wegschmeissen.

A **Anpacken** – Sofort beantworten: Reservieren Sie sich bei der Bearbeitung von Mails Zeit, um inhaltlich an diesen zu arbeiten. Sie verhindern so, immer wieder diese zu lesen.

A **Abkommandieren** – Andere mit der Bearbeitung der Mail beauftragen, wenn Sie es können.

A **Aufschieben** – 5-Wochen Ordner: Wenn Sie nicht sicher sind einfach mal weg damit. Wie mit anderen Aufgaben: Vieles erledigt sich von selbst.

Betreffzeile nutzen

Wie schon erwähnt: Wenn die Betreffzeile «... AW: WG: xy WG: AW: AW:" enthält, signalisiert das Oberflächlichkeit und Sie verschenken Effizienz. Machen Sie es sich zur Gewohnheit, in der Betreffzeile auszudrücken, was Ihre Erwartung an den Lesenden ist, und fassen Sie möglichst im Folgetext zusammen, was in Prosa später beschrieben wird.

Frage:	Sie wollen einfach eine kurze Antwort.
Antwort:	Sie reagieren auf eine frühere E-mail.
Information:	Sie informieren ohne weiteren Auftrag.
Aufgabe:	Sie geben einen Auftrag.
FYE (For your Eyes):	Bitte diese Info vertraulich behandeln.
Entscheidung:	Sie teilen eine Entscheidung mit.
EoM (End of Message):	Die Message in der Betreffzeile mit EoM.

E-Mail-Credo als Vereinbarung

Als Führungskraft können Sie mit Ihren Mitarbeitern ein E-Mail Credo in der folgenden Form adaptieren. Für uns ist es schon erstaunlich, dass nur wenige Unternehmen ihre Mitarbeiter in diesem wichtigen Kommunikationsinstrument unterstützen. Wir appellieren an Sie als Führungskraft: Treffen Sie über den Umgang mit E-Mails klare Vereinbarungen. Sie helfen in vielerlei Hinsicht und nehmen Druck weg

- Kein Chatten per E-Mail: nach der zweiten Mail besser anrufen

- Antwortzeiten für die Bearbeitung gewähren: Erwarten Sie nicht, dass Mails sofort bearbeitet werden

- Abwesenheitsassistent ab 1 Tag einschalten (Abwesenheitsvertreter nennen)

- Verteiler sorgfältig auswählen und pflegen

- Cc nur zur Kenntnis: keine Arbeitsaufträge CC-Adressaten (nur lesen – keine weiteren Aktivitäten)

- An: ist Bearbeiter der E-Mail

- Betreffzeile effizient nutzen (s. o.) – hier eine weitere Alternative
  - F (Frage)
  - I (Information – nur lesen)
  - E (Entscheidung) unter uns + xy, zy und Anliegen
  - H (Handlung)

- Im Mailtext formulieren:
  Ist Situation – **Arbeitsauftrag/Wunsch** – **Details** (bisherige E-Mails im Anhang) – ggf. **Entscheidungsvorlage**

- Zwischeninfo bei längerer Bearbeitung

- kein Bcc, weil Vertrauensbruch

- Tipp für Kommunikation nach Außen: Eigene Signatur mit verschiedenen Links oder Ansprechpartnern versehen – sie gibt mehr und schnellere Information

Anregungen für das Schreiben

- Die Anrede und Grußformel sind durch die Signatur vorbereitet.

- Nur das in der Betreffzeile genannte Thema wird im Text behandelt.

- Datenanhänge sind erwähnt und Sie sagen, was mit diesen zu tun ist.

- 24 h-Regel bei Ärger: Setzen Sie Mails mit emotionsbelastete Themen und solche, die mit spitzen Fingern und entsprechender Kraft geschrieben werden, zunächst auf. Am nächsten Tag lesen Sie alles nochmals durch und dann entscheiden wie die zu sendende E-Mail formuliert wird. Alternativ kann eine Lösung im Gespräch sinnvoll sein.

- Die Groß- und Kleinschreibung wird eingehalten. Die Rechtschreibung und Grammatik ist korrekt.

- Abkürzungen werden sparsam verwendet und nur, wenn alle Empfänger diese eindeutig verstehen.

Handy und Smartphone zu Hause und im Beruf

Für ein aktives Selbstmanagement und zur Belastungsreduktion braucht es im privaten wie im beruflichen Einsatz klare Verhaltensregeln. Das betrifft auch den Umgang mit mobilen Endgeräten. Die Regeln erscheinen vereinzelt trivial, doch wer den Umgang für sich selbst nicht strukturiert, hat mit der mobilen Technik einen potenziellen Leistungsfresser ständig zur Hand. Im Folgenden geben wir deshalb einige Empfehlungen.

Wie erreichbar muss ich sein?

In der Regel müssen Sie nicht immer, sondern nur zu bestimmten Zeiten erreichbar sein, weil es sonst stressig wird und Beziehungen im Privatleben gefährdet. Dabei hilft es,

- zu fixen Anrufzeiten (von ... bis), also nur eine gewisse Anzahl von Stunden am Tag erreichbar zu sein,

- auch am Wochenende nur im Notfall oder ein- bis zweimal den Anrufeingang zu checken.

Do's und don'ts von Handy/Smartphone

- Aktive Zeiten definieren für Arbeitstage und Wochenenden/ Ferien, z. B. Arbeitsbeginn bis Arbeitsende oder 7 bis 20 Uhr.

- Im Schlafzimmer, beim Essen, Fernsehen usw. ist das Smartphone tabu. Es gibt klare Vereinbarungen mit dem Partner.

- Die Geräte bleiben bei privaten Terminen (Restaurant, Kino usw.) zu Hause.

- Sie sind nachts auf lautlos gestellt oder ausgeschaltet.

- Sie sind Hilfsmittel und nicht Nabelschnur zur Welt.

Muss ich jeden Anruf, jede SMS oder E-Mail sofort annehmen?

Nein, es sei denn Sie wollen immer und jederzeit Everybody's Darling (und damit evtl. Everybody's Depp) sein.

Wie oft rufe ich Nachrichten ab?

- Regelmäßig alle … Stunden, aber nie dauernd.

- Setzen Sie Benachrichtigung auf Pull und schalten Sie alle Benachrichtigungen (Smartphone, Tablet, Computer) aus.

Wann erledige ich Anrufe?

- Ich erledige Sie beim Bearbeiten der zugehörigen Aufgaben.

- Bei der Bearbeitung von Mails können Telefontermine abgemacht werden.

- Zu fixen Telefonzeiten.

Was kann ich tun, dass der Rückruf erfolgreich wird?

- Vermeiden Sie pauschale Aussagen wie »Ich wollte mich nur mal melden.«

- Sagen Sie klar, was der Zweck des Anrufes war und was die Erwartung an den Angerufenen ist: »Thema xy, einfach bitte Info geben.«

- Bitten Sie um Rückruf, ggf. mit Angabe einer Zeitspanne.

Wann setze ich Messenger und E-Mail ein?

Legen Sie in Ihrem Team oder mit Ihren Vorgesetzten Spielregeln fest, für normale Kommunikation und für dringende und wichtige Fälle: Welcher Weg und welche Anwendung ist jeweils optimal?

Gekonnt präsentieren und vortragen

Präsentationen und Vorträge laufen nach dem Prinzip der Ein-Weg-Kommunikation ab: Sie senden Informationen an Ihre Zuhörer, die jedoch nicht direkt reagieren. Beispielsweise wollen Sie mit Ihrem Vortrag ein Produkt verkaufen und schildern den Anwesenden seine Vorteile. Umso mehr müssen Sie den Zuhörern, die in der »passiven« Rolle bleiben, einiges bieten: eine klare Argumentation, spannende Inhalte und natürlich – gute Unterhaltung! Sie sehen: Es hängt ganz von Ihnen ab, ob die Zuhörer »dran bleiben« oder abschalten. Als Vortragender haben Sie das Steuer in der Hand. Das bedeutet auch, dass Sie der Pilot sind, der Sicherheit vermitteln, Unsicherheit abbauen und natürlich mit erlebter Freude und Spaß eine inhaltsreiche Präsentation vortragen kann.

Wozu Präsentationen und Vorträge vorbereiten?

Bei der Vorbereitung einer Präsentation oder eines Vortrags definieren Sie den roten Faden für Ihre Vorstellung. Der rote Faden hilft Ihnen bei der Präsentation im Sinne einer Stütze. Der rote Faden hilft auch den Zuhörern im Sinne von Klarheit und Übersichtlichkeit.

Durch eine gute Vorbereitung Ihrer Präsentation können Sie ganz gezielt Nervosität abbauen. Nach der Vorbereitung ist absolut klar, was Ihre wesentliche Botschaft sein soll und welche Inhalte Ihre Präsentation vermittelt.

Während der Vorbereitung stellen Sie Ihre Werkzeugkiste zusammen, die Sie mit in die Präsentation nehmen. Durch klare Ziele, eine gute Gliederung und visuelle Hilfsmittel überzeugen Sie Ihre Zuhörer und wirken als kompetenter Referent.

Wie gehen Sie vor?

1. Nehmen Sie sich die folgende Checkliste vor und überprüfen Sie Ihren Präsentationsstil.

2. Vor einer Präsentation: Nutzen Sie das Instrument zur Vorbereitung.

3. Nach einer Präsentation: Geben Sie sich selber Feedback und lassen Sie sich welches geben.

4. Üben, üben, üben. Bereiten Sie sich sauber vor, konzentrieren Sie sich auf wesentliche Punkte und nehmen Sie jede Chance wahr, vor anderen zu sprechen und zu präsentieren. Ihre Nervosität wird Ihnen selten jemand ansehen.

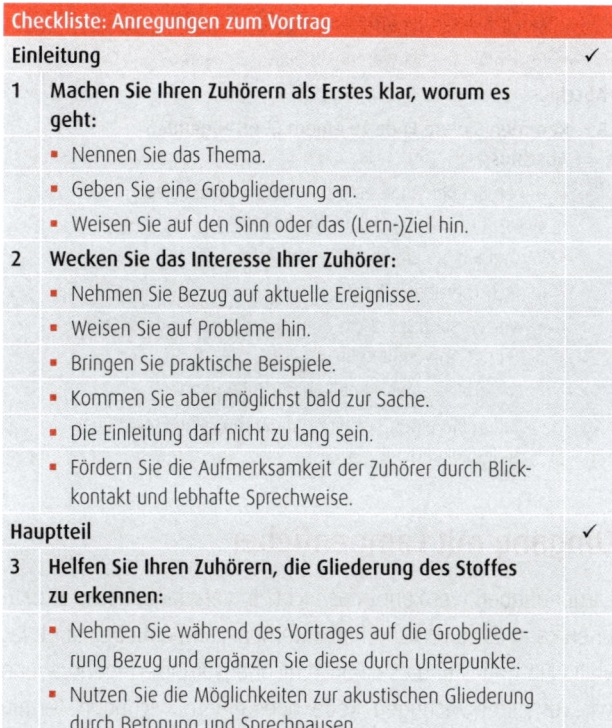

Checkliste: Anregungen zum Vortrag	
Einleitung	✓
1 Machen Sie Ihren Zuhörern als Erstes klar, worum es geht:	
• Nennen Sie das Thema.	
• Geben Sie eine Grobgliederung an.	
• Weisen Sie auf den Sinn oder das (Lern-)Ziel hin.	
2 Wecken Sie das Interesse Ihrer Zuhörer:	
• Nehmen Sie Bezug auf aktuelle Ereignisse.	
• Weisen Sie auf Probleme hin.	
• Bringen Sie praktische Beispiele.	
• Kommen Sie aber möglichst bald zur Sache.	
• Die Einleitung darf nicht zu lang sein.	
• Fördern Sie die Aufmerksamkeit der Zuhörer durch Blickkontakt und lebhafte Sprechweise.	
Hauptteil	✓
3 Helfen Sie Ihren Zuhörern, die Gliederung des Stoffes zu erkennen:	
• Nehmen Sie während des Vortrages auf die Grobgliederung Bezug und ergänzen Sie diese durch Unterpunkte.	
• Nutzen Sie die Möglichkeiten zur akustischen Gliederung durch Betonung und Sprechpausen.	

Checkliste: Anregungen zum Vortrag	
4	**Helfen Sie Ihren Zuhörern beim Verstehen und Einprägen wichtiger Punkte:**
	• Bevorzugen Sie Einfachheit in Wortwahl und Satzbau.
	• Bemühen Sie sich um Prägnanz, um kurze, klare und verständliche Aussagen.
	• Erklären Sie möglichst anschaulich und verwenden Sie Skizzen, Modelle, Statistiken, Tabellen, die übersichtlich und gut lesbar sind. Nutzen Sie möglichst mehrere Möglichkeiten zur Visualisierung.
	• Heben Sie die Schwerpunkte akustisch hervor.
Abschluss	✓
5	**Kommen Sie am Ende zu einem überzeugenden Abschluss:**
	• Geben Sie bei längeren Darstellungen eine kurze Zusammenfassung (keine Wiederholung).
	• Vermeiden Sie ein abruptes Abbrechen.
	• Je nach Themenstellung
	– weisen Sie am Schluss auf Konsequenzen oder Nutzen bei der Anwendung hin,
	– richten Sie einen Appell an die Zuhörer oder
	– geben Sie einen Ausblick auf die mögliche Entwicklung in der Zukunft.

Umgang mit Lampenfieber

Lampenfieber, wer kennt das nicht? In verschiedensten Situationen kann es zu Unsicherheit kommen. Lampenfieber ist etwas völlig Normales und es ist auch nicht besorgniserregend, wenn wir vor einer wichtigen Rede oder einem wichtigen Termin Anspannung und Nervosität erleben. Unsicherheit und Angst sind immer Symptome für Ungeklärtes: Wer ist da? Welche Fragen kommen? Werde ich auseinandergenommen? Komme ich genügend klar rüber? Selbst geübte Redner, Schauspieler und Politiker haben Lampenfieber. Es ist ein Zeichen, dass uns die Sache wichtig ist. In dieser Tatsache liegt auch bereits ein wesentlicher Schlüssel zum Umgang mit der Nervosität.

Lampenfieber ist eine Stressreaktion. Das bedeutet, das der Körper in einem Flucht- und Kampfmodus ist. In dieser Situation reagiert unser Körper mit erhöhter Ausschüttung der Hormone Adrenalin und Cortisol. Die Wirkung der Hormone erleben wir z. B. durch geschärfte Wahrnehmung, erhöhte Leistungsfähigkeit, Schmerzunterdrückung. Des Weiteren ist der Stoffwechsel in den Muskeln und im Gehirn erhöht, was bedeutet, dass uns für kurze Zeit eine große Menge an Energie zur Verfügung steht. Das ist im Prinzip positiv, bis zu einem gewissen Maß. Auch hier gilt, wie in anderen Lebenslagen: »Die Dosis macht das Gift«. Ab einem gewissen Punkt erleben wir anstatt Leistungsfähigkeit Lähmung, Angst bis hin zur Blockade. Hier gilt es frühzeitig zu handeln.

Was kann ich im Umgang mit Lampenfieber konkret tun?

Es gilt, die Unsicherheit und das Nichtwissen stark einzugrenzen: Stellen Sie sich Ihren Auftritt wie einen Flug vor.

1. **Startvorbereitung**
   - Was ist das Thema und das Ziel des Vortrags?
   - Wieviel Zeit haben Sie, was ist vorher/nachher, sind Sie alleiniger Redner?

- Welche Infrastruktur /welche Technik ist vorhanden? Machen Sie sich damit frühzeitig vertraut.
- Wie sieht die Agenda aus?
- Schreiben Sie sich Inhalte zu den einzelnen Punkten auf.
- Formulieren Sie ein Fazit/eine Zusammenfassung.
- Wie liefen andere Veranstaltungen?
- Wer nimmt teil? Wer ist da, der mir wohl gesonnen ist, und den ich direkt ansprechen kann?
- Überprüfen Sie: Erreiche ich mit meinem Vortrag das formulierte Ziel? Kommt meine Kernbotschaft rüber? Ist mein Detaillierungsgrad den Zuhörern angepasst?
- Überprüfen Sie Ihre innere Haltung. Was bedeutet für mich der Anlass? Seien Sie ehrlich mit sich, denn die innere Haltung entscheidet darüber, ob Sie mit Hilfen und Üben die Situation in Griff bekommen oder nicht.
- Selbstsuggestion ist erlaubt! Sagen Sie sich: »Ich habe den Hörern etwas Wichtiges mitzuteilen und ich kann es interessant vortragen.«
- Entspannen Sie sich. Schlafen Sie sich aus. Bis zuletzt pauken bringt nichts. Vor allem: Vorsicht mit Alkoholgenuss.
- Nicht den Magen überlasten, lieber leichte Kost essen.
- Gehen Sie frühzeitig in den Veranstaltungsraum. Wenn möglich: Sehen Sie sich den Raum in Ruhe und alleine an. Stellen Sie sich z. B. aufs Podium und sprechen Sie laut in den Raum hinein. Stellen Sie sich vor, wie Sie einzelne Personen vor sich ansehen werden.

2. **Rollen zum Start**
   - Innerlich die Kräfte sammeln.
   - Die Checkliste nochmals prüfen.

3. **Stillstand und dann Gashebel voll nach vorne und starten**
   - Volle Konzentration: Ich stehe mit beiden Beinen und sehe die Teilnehmer von links nach rechts und von rechts nach links an.
   - Die ersten zwei Minuten sind auswendig gelernt und auf einem Kärtchen notiert. Üben Sie den Einstieg intensiv! Das ist Ihr Rettungsseil, wenn die Nervosität zu stark wird.
   - Atmen Sie mehrmals tief durch – überprüfen Sie Ihre Haltung und dann legen Sie los! Sprechen Sie am Anfang betont langsam.
   - Wählen Sie eine natürliche Ausdrucksweise.

4. **Gleitflug**
   - Arbeiten Sie Ihre Themen ab.
   - Suchen Sie Kontakt und Rückkopplung bei Ihren Hörern.
   - Bei Plenumspräsentationen: Wählen Sie sich (evtl. vor Redebeginn) jeweils eine Person in der ersten und in der letzteren Reihe aus und sprechen Sie diese gezielt an.
   - Alternativ: Wählen Sie einen fixen Punkt etwas oberhalb der Personen in der letzten Reihe und sprechen Sie diesen Punkt an. Das hilft bei der Konzentration auf eine Sache.

5. **Vorbereitung der Landung**
   - Kündigen Sie das Ende Ihres Vortrags an.
   - Fassen Sie die Kernpunkte zusammen.
   - Laden Sie zu Fragen ein.

6. **Landen**
   - Verringern Sie bei den letzten Sätzen nochmal das Sprechtempo und lassen Sie den Vortrag dann ausrollen: Sie stehen ruhig da und warten auf Fragen.

7. **Rollen zum Dock und Debriefing**
   - Räumen Sie ggf. Dinge auf, die Sie verwendet haben.
   - Gehen Sie an Ihren Platz und reflektieren Sie, was jetzt abgelaufen ist.
   - Überlegen, was Ihre »Lessons Learned« sind für das nächste Mal.

Schließlich: Üben, üben, üben: Suchen Sie immer wieder Gelegenheiten zum Üben: bei kleinen privaten Festen, bei der Arbeit, im Verein etc.

Sicher auftreten vor einer Gruppe

Reden halten, präsentieren, eine Gruppe leiten: auch das sind Führungskompetenzen. Wie die fachliche Kompetenz müssen auch diese Fertigkeiten trainiert und verbessert werden. Sicher vor einer Gruppe auftreten zu können bedeutet, mittels klarer und kontrollierter Verhaltensweisen die eigene Botschaft an den oder die Adressaten zu bringen.

Warum ist sicheres Auftreten so wichtig?

Wer das eigene Auftreten überprüft, stellt sicher, dass es »ankommt«. Die Überprüfung gilt für den neuen Redner: Er stellt sich mittels einer Checkliste auf die Situation ein und konzentriert sich auf für ihn wichtige Punkte. Das entlastet von der Unsicherheit, was jetzt eigentlich beim Auftreten vor einer Gruppe wichtig ist.

Dem geübten Redner hilft die Überprüfung, eingeschliffene Verhaltensweisen zu korrigieren und sich zu verbessern.

Wie gehen Sie vor?

1 Nutzen Sie die Checkliste

Mithilfe der Checkliste auf den folgenden Seiten bereiten Sie Ihr Auftreten vor: Sie nehmen sich ganz bestimmte Punkte vor, auf die Sie während Ihres Redens achten. Sehen Sie sich die Liste vorher immer wieder an.

- **Wenn Sie ungeübt sind:** Nehmen Sie sich nicht mehr als eine Verhaltensweise pro Kategorie vor. Sie verzetteln sich sonst und überlasten sich. Schreiben Sie sich evtl. in großen Buchstaben auf Ihr Manuskriptblatt auf jede Seite eine Verhaltensweise.

- **Wenn Sie geübt sind:** Sie konzentrieren sich nur auf wenige Verhaltensweisen, von denen Sie wissen, dass Sie sie ändern wollen. Sie legen sich die Liste neben Ihr Manuskript und arbeiten sich schrittweise von oben nach unten durch.

2   Nach dem Auftreten

Sie gehen die Liste für sich selber nochmals durch und überprüfen, wo Sie Schwachpunkte haben. Die sind dann der Input für das nächste Mal. Sie können auch eine Vertrauensperson bitten, Ihnen mittels dieser Checkliste Rückmeldung zu geben.

3   Im Alltag

Nehmen Sie sich immer wieder Punkte aus der Liste vor, an denen Sie arbeiten wollen. Der Alltag bietet immer wieder kleine Übungsgelegenheiten, die nicht so stressig sind. Es sind die kleinen Übungen, die den Meister machen!

Checkliste: Konzentration auf wenige Verhaltensweisen entstresst	
Verhaltensweisen – Präsentation	✓
1 Körperhaltung und Körperbewegungen	
• Blickkontakt suchen	
• Gerade Körperhaltung zeigen	
• Hände dem Gesprächspartner zeigen	
• Muskelanspannungen durch kurze körperliche Belastung »abarbeiten«: anspannen und entspannen im Rhythmus	
• Wenn Sie stehen: auf beiden Füßen stehen	
• Sich ruhig bewegen und nicht »tanzen«	

Checkliste: Konzentration auf wenige Verhaltensweisen entstresst	
Verhaltensweisen – Präsentation	✓
2 Stimme und Sprechweise	
▪ Der Situation angemessene Lautstärke wählen	
▪ Sprechtempo finden, das mitdenken lässt	
▪ Pausen zum Nachdenken geben	
▪ Klare Aussprache immer wieder üben	
▪ Wenig Fachausdrücke und Fremdwörter verwenden	
3 Verhalten zum Gesprächspartner	
▪ Sich in den anderen hineinfühlen	
▪ Den anderen als Kommunikationspartner akzeptieren	
▪ Versuchen, ihn zu verstehen	
▪ Konsens suchen	
▪ Ausreden lassen	
▪ Aktiv zuhören	
▪ Sie/ihn mit Namen ansprechen	
▪ Tolerant und freundlich reagieren	
▪ Klangfarbe und Wortwahl anpassen	
4 Inhalt der eigenen Aussage verbessern	
▪ Innere Vorbereitung: wissen, was ich will	
▪ Die Aussagen klar gliedern und strukturieren	
▪ Konzentriert und von äußeren Umständen ungestört vorgehen	
▪ Den roten Faden behalten	
▪ Nach Themenabschluss: zusammenfassen	

Nutzen Sie visuelle Medien!

Gerade für die Arbeit mit Gruppen sind visuelle Medien sehr hilfreich: zum einen für die Zuhörer, zum anderen für Sie selbst:

- Visuelle Medien zwingen Sie, Inhalte zu vereinfachen und klarer darzustellen. Diese Klarheit hilft Ihrer Zuhörerschaft. Wenn viel visuelle Information kommt, kann auch viel haften bleiben!

- Eine Präsentation ohne Visualisierung wird zu 80 % vergessen. Das Gedächtnis nimmt am besten über den visuellen Kanal auf.

- Visuelle Medien vereinfachen und entlasten das Gedächtnis. Ein Beispiel: Wenn Sie sieben Zahlen mit vier Stellen präsentieren und diese miteinander vergleichen, ist das Kurzzeitgedächtnis vieler überlastet. Visuelle Hilfen vereinfachen die Denkleistungen.

Was leisten visuelle Medien?

Sie unterstützen das gesprochene Wort, indem sie:

- einen bestimmten Punkt verdeutlichen
- Zeit sparen, weil sie das Wesentliche auf den Punkt bringen
- Interesse wecken
- dafür sorgen, dass sich die Zuhörer Wichtiges besser einprägen
- Ergebnisse sichern.

Welches visuelle Medium wähle ich?

Die folgende Liste hilft Ihnen, sich für das richtige Medium zu entscheiden.

+ Vorteile	– Nachteile
1 Flip-Chart	
▪ Vorbereitung/Wiederverwendung möglich. ▪ Mehrere fertige Charts können nebeneinander aufgehängt werden. ▪ Der Ständer ist leicht. ▪ Kleine Notizen auf dem Chart ersparen das Manuskript. ▪ Aufzeichnungen können am Ende abfotografiert werden (Fotoprotokoll).	▪ Korrekturen sind schwierig. ▪ Die Fläche des einzelnen Blattes ist begrenzt. ▪ Verletzungsgefahr: Die Papierkanten sind scharf.
2 Beamer	
▪ Präsentation lässt sich ausdrucken. ▪ Inhalte lassen sich schrittweise aufdecken. ▪ Brillante Farbgebung. ▪ Ablauf der Präsentation lässt sich einfach per Mausklick steuern.	▪ Abhängigkeit vom Stromnetz. ▪ Projektionsfläche erforderlich. ▪ Projektionsabstand und Raumhelligkeit müssen beachtet werden.
▪ Digitalisierte Fotos und Filmsequenzen lassen sich einbinden. ▪ Der Vortragende behält den Blickkontakt zur Gruppe.	

+ Vorteile	– Nachteile
3 Pinnwand	
• Alle Teilnehmer können aktiv mitwirken.	• Zwang zum Telegrammstil, da die Karten wenig Platz bieten. (Das kann auch ein Vorteil sein!)
• Das gesammelte Material kann leicht geordnet und strukturiert werden.	• Die Vorbereitung erfordert mehr Zeit als bei anderen Medien.
• Ergänzungen und Korrekturen sind leicht möglich.	
• Mit mehreren Tafeln können ganze Informationsstände aufgebaut werden.	
• Notizen auf der Rückseite der Karten können das Manuskript ersetzen.	
• Karten in verschiedenen Farben und Formen bieten viele Darstellungsmöglichkeiten.	
4 Elektronische Wandtafel	
• Kann interaktiv genutzt werden	• Teuer.
• Bilder können in verschiedenen Formaten (JPG, BMP, SVG etc.) abgespeichert und weiterverarbeitet werden.	
• Gut für schrittweise Entwicklung, bei der Teile gelöscht werden müssen.	
• Geräteübergreifend nutzbar.	

Welche Voraussetzungen gibt es für den Einsatz der Medien?

Bevor Sie visuelle Medien einsetzen, sollten Sie bestimmte Einflussfaktoren überprüfen, unter denen Ihre Besprechung oder Präsentation stattfindet. Die Ziele, Methoden oder Kosten für die Hilfsmittel müssen stimmen, sonst lohnt sich Ihr Einsatz nicht.

Ziele	Welchen Punkt will ich deutlich machen?
Methoden	Welche Hilfe wird mir die Verdeutlichung (Veranschaulichung) dieses Punktes bieten? Visuelle oder akustische, mechanische oder manuelle Methoden?
Kosten	Welche Ausgaben gibt es?
Zeit	Wie viel Vorbereitung brauche ich und wie ist das Kosten-/Nutzenverhältnis?
Situation	Wo und wie wird die räumliche Situation sein und werden die geplanten Hilfsmittel dort zur Geltung kommen?
Publikum	Welche Voraussagen kann ich über das Wissen und die Aufnahmefähigkeit des Publikums machen?

Wie gehen Sie vor?

1. Übung macht den Meister! Experimentieren Sie so weit wie möglich mit den verschiedensten Methoden.

2. Stellen Sie es sich zur Aufgabe, bei schwierigen Besprechungen immer eine andere Methode gut vorbereitet einzubringen.

Erfolgreich visualisieren

Wichtig ist auch, dass Sie beim Einsatz visueller Hilfsmittel folgende Punkte beachten:

Ziele:

- Überblick vermitteln
- Zusammenhänge darstellen
- Veranschaulichen, »optische Rhetorik« = Zweiter Kommunikationskanal
- Denkanstöße geben

- Lernen erleichtern
- Einprägen erleichtern
- Infos abrufbereit speichern
- Ablaufdarstellung bei Gruppenarbeiten
- Dokumentation von Ergebnissen

Methoden zur Darstellung von Zahlen, Mengen und Größenordnungen:

- Tabellen
- Matrix
- Skalen

- Koordinaten, Kurven, Diagramme (Stab, Fläche, Kreis)

Methoden zur Darstellung von Gliederungen und Beziehungen:

- »Baum«-Verzweigungen
- Organigramme

- Matrix

Visuelle Medien:

- Elektronische Wandtafel (z. B. Smart kapp)
- Flip-Chart
- Beamer
- Pinnwand

- Filme, Videoaufzeichnungen
- Modelle
- Tischvorlagen für Teilnehmer

zur Darstellung von Abläufen und Prozessen:

- Flow-Chart (Flussdiagramm)

- Netzpläne
- Skizzen

zur Strukturierung komplexer Problemfelder:

- Metaplantechnik (Arbeit an Pinnwänden mit Packpapier und farbigen Kärtchen)

- Einsatz aller grafischen Elemente und Nutzung aller Kompositionsmöglichkeiten

Grafische Elemente:

- Schrift
- Farben
- Linien

- Flächen/Formen
- Symbole

Komposition:

- Flächenteilung
- Freiflächen
- Reihung

- Rhythmus
- Betonung
- Dynamik

Regeln:

Lesbarkeit durch

- Art und Größe der Schrift
- Strichstärke, Farbkontraste

Überschaubarkeit durch

- begrenzte Informationsmenge
- Strukturierung, Gliederung
- Wichtiges hervorheben

Verständlichkeit durch

- gute Beschriftung
- klare, präzise Begriffe

- schrittweisen Aufbau
- anschauliche Darstellung

Ausbaufähigkeit durch

- ausreichende Freiflächen

Checkliste: Prinzipien bei der Verwendung visueller Hilfsmittel	
Verhalten	✓
1	Komplizieren Sie als Präsentierender die Dinge nicht.	
2	Verwenden Sie klar verständliche Wörter und Symbole.	
3	Verwenden Sie Farben sparsam und sinnvoll.	
4	Achten Sie auf die Wirkung von Lichtverhältnissen und die Entfernung von Bild und Betrachter. Falls Schrift zum Einsatz kommt: Lesbarkeit (Schriftgröße!) prüfen.	
5	Verwenden Sie einfache Mittel, wenn diese den Zweck erfüllen.	
6	Vermeiden Sie zu lange Präsentationszeiten.	

Checkliste: Prinzipien bei der Verwendung visueller Hilfsmittel	
Verhalten	✓
7	Sorgen Sie für angepasste und verlässliche Präsentationsgeräte.	
8	Beim Einsatz von einem Beamer: immer wieder abschalten (Laufgeräusch stört, Helligkeit ermüdet).	

Wie steht es mit akustischen Hilfsmitteln?

Wenn Sie akustische Hilfsmittel verwenden, müssen Sie überlange Präsentationen auf jeden Fall vermeiden. Alles was mithilfe eines Tonträgers mitgeteilt wird, wird am besten aufgenommen, wenn es kurz und bündig ist. Der Hörer verliert in der Regel relativ schnell das Interesse, je nach Stoff schon nach 10 Minuten. Nicht vergessen werden sollte in diesem Zusammenhang, dass Menschen unterschiedliche Hörfertigkeiten haben. Deshalb muss sichergestellt werden, dass alle den Inhalt hören können. Verwenden Sie nur die am besten geeigneten Hilfsmittel, damit Sie eine möglichst große Wirkung erzielen können.

Ein weiterer Aspekt, wie die besten Ergebnisse mit visuellen und akustischen Hilfsmitteln erzielt werden, ist zu wissen, wo, wann und wie sie zu verwenden sind: Bringen Sie sie mit den anderen Teilen Ihrer Präsentation in Einklang. Selbst eine optimal vorbereitete Hilfe wird versagen, wenn sie zur falschen Zeit verwendet wird.

Medien sind nur als Unterstützung von ganz bestimmten Punkten anzuwenden. Sie sind kein dramaturgisches Spielzeug, aber sie können ein dramaturgisches Mittel sein.

Wie Sie Ihren Arbeitsplatz perfekt organisieren

Arbeitshilfen, wie z. B. Ordner, Outlook oder andere »Hardware« nützen uns nur, wenn wir mit ihnen auch sinnvoll umgehen, das heißt, wenn wir sie mittels bestimmter Verhaltensweisen beherrschen. Das beste Ordnungssystem bringt nichts, wenn sein Benutzer chaotisch ist und z. B. Rechnungen ohne Systematik irgendwo ablegt.

In diesem Kapitel erfahren Sie

- wie Sie Ihren Schreibtisch stets übersichtlich halten und
- wie Sie ein strukturiertes Ablagesystem aufbauen.

Sorgen Sie für einen aufgeräumten Arbeitsplatz

Der Arbeitsplatz, ob im Büro oder zu Hause, ist der Ort, an dem Sie Ihrer Kernaufgabe nachgehen können und an dem es Spaß machen sollte zu arbeiten. Idealerweise ist der Arbeitsplatz nur von den Hilfsmitteln und technischen Unterstützungen (Bildschirm, PC) umgeben, die man tatsächlich braucht.

Der typische Arbeitsplatz sieht jedoch meist anders aus: Er enthält eine Reihe von Stapeln – alles Ablagen, die nicht strukturiert sind. In den Schränken finden sich verschiedene Ordner mit den unterschiedlichsten Themen und verschiedenen Zuordnungen. Möglicherweise gibt es auch noch auf Sideboards, am Boden und auf dem Fensterbrett, auf der Klimaanlage – oder wo sonst früher einmal eine freie Fläche war – eine Reihe von Vorgängen, Interessantem, Büchern, Prospekten und diesem und jenem.

An sogenannten Volltischler-Arbeitsplätzen türmen sich auf dem Schreibtisch neben Telefon, Kalender und Büromaterial Ablagen von aktuellen Aufgaben, vermischt mit Briefen, Besprechungsnotizen, etc. Daneben liegen alte Unterlagen, Zeitschriften und Briefe. Gelbe Haftzettel kleben hier und da, gerne auch mit Passwörtern drauf. Es stapeln sich verschiedene Aufgaben in Klarsichthüllen und Ablagekästen, die in sich unterschiedlich hohe und niedrige Prioritäten bergen. Darunter viel Material, das »eigentlich« schon längst in den Abfallkorb gehört.

Auch die Ordner in den Schränken quellen oft über. Mit Unterlagen von Personen, die schon gar nicht mehr im Unternehmen, oder mit Dokumentationen von Aufgaben, die schon lange erledigt sind.

Vermeiden Sie es unbedingt, Mails, Präsentationen, Broschüren etc. zur Sicherheit oder einfach, weil man das schon immer so gemacht hat, auszudrucken, denn das hat eine ungeordnete Papierflut zur Folge.

Jedenfalls erfordert es viel zusätzlichen Zeitaufwand, das Chaos in der eigenen Ablage zu bereinigen. Häufig scheinen auch inneres und äußeres Chaos zusammenzuhängen. Wer sich daher über seine Prioritäten und Ziele Klarheit verschafft, tut sich leichter, auch für Klarheit an seinem Arbeitsplatz zu sorgen. Was für den Schreibtisch zutrifft, gilt natürlich auch für den Computer!

Was tun, wenn es unübersichtlich wird?

Bei solchen »historisch gewachsenen« Ablagen bekommen viele regelmäßig ihren »Aufräumanfall«, meist vor dem Urlaub, vor Weihnachten oder Silvester. Dann wird zwar viel weggeschmissen – aber machen Sie sich nichts vor: Es dauert nur kurze Zeit, und schon beginnen die Stapel wieder von neuem zu wachsen. Die Hauptursache ist, dass es eben kein Ordnungssystem gibt, das laufend die hereinströmenden Informationen von ganz alleine sortiert. Also müssen wir es selbst tun!

Eine einfache Erklärung für unser Verhalten des »Nicht-Weg-schmeißen-Könnens« ist wohl das archaische Jäger- und Sammlerverhalten. Nur haben sich die Zeiten inzwischen geändert. Eine unsystematische Vorratshaltung von Papier und Daten führt jedenfalls zu einer immer größer werdenden »Vermüllung«.

Es gibt zwei sinnvolle Maßnahmen, die Sie ergreifen und auch langfristig durchhalten sollten:

- Unbrauchbares sollten Sie regelmäßig entsorgen.
- Räumen Sie Ihren Schreibtisch und Ihren Arbeitsplatz konsequent auf.

Welche Vorteile haben ein übersichtlicher Arbeitsplatz und Schreibtisch?

Ein überquellender Schreibtisch ist ein Hort der Ablenkung. Wenn Aufgaben einmal angefangen sind, springt einem natürlich irgendwann prompt die nächste ins Auge. Es ist dann ein leichtes, den gerade bearbeiteten Vorgang hinzulegen und einen neuen, lustvolleren zu beginnen. Dies geht jedoch auf Kosten der Effizienz (siehe auch Abschnitt »Leistungsfresser erkennen und eliminieren«).

Es hat also durchaus Sinn, auf dem Schreibtisch Ordnung zu schaffen:

- Ein aufgeräumter Schreibtisch verhindert Ablenkungen.

- Ein aufgeräumter Schreibtisch führt zu weniger innerem Druck (»Ich müsste eigentlich noch dieses und jenes tun.«). Man sieht nicht laufend »diffus unerledigte« Sachen rumliegen.

- Ein aufgeräumter Schreibtisch verhindert, dass man Aufgaben anfasst, sie aber möglicherweise gleich wieder weglegt.

- Ein aufgeräumter Schreibtisch verhindert auch, dass man verschiedene Aufgaben gleichzeitig, je nach Lust und Laune, bearbeitet und dadurch viel Zeit verliert.

> Eine Prioritätenliste und ein aufgeräumter Schreibtisch unterstützen das Abarbeiten der wirklich wichtigen Aufgaben.

Wie gehen Sie vor?

Doch wie kommt man zu einem dauerhaft aufgeräumten Schreibtisch bzw. Arbeitsplatz?

1. Schaffen Sie günstige Voraussetzungen für die »Aufräumarbeiten«:
   - Reservieren Sie für die erste Aktion mindestens zwei bis vier Stunden Zeit.
   - Nehmen Sie sich vor, die ganze Aufgabe in einem Zug zu lösen.
   - Überlegen Sie sich eine Ablagestruktur, die Sie konsequent einhalten können.

- Nehmen Sie sich vor, die neue Struktur des Arbeitsplatzes mindestens vier Wochen durchzuhalten.

- Am Ende Ihres Arbeitstages investieren Sie ca. fünf Minuten Zeit in das nochmalige Aufräumen. Nehmen Sie sich am Anfang dazu etwas mehr Zeit, um sicherzustellen, dass Sie dabei Routine entwickeln.

- Holen Sie sich Verbündete: Möglicherweise hilft Ihnen eine Kollegin oder ein Kollege bei der ersten Aufräumaktion. Wenn Sie zu zweit aufräumen, fällt die Wegwerfentscheidung oft leichter.

2. Sie fangen an einer Stelle, z. B. links oben an, und gehen Stapel für Stapel und Bündel für Bündel durch. Klären Sie, ob Sie diesen Stapel wirklich täglich brauchen. Wenn Sie den ganzen Stapel wirklich täglich brauchen (z. B. die aktuellen Vorgänge), überlegen und entscheiden Sie, ob er bei Ihnen liegen muss. Möglicherweise können Sie diesen Vorgang auch so lange im Posteingangskorb, im Sekretariat oder in einem Hängeschrank lassen, bis Sie ihn brauchen.

3. Wenn Sie auf Papiere, Zeitschriften oder Vorgänge stoßen, die Sie nie gelesen haben und auch nicht weiter verwenden, dann werfen Sie sie einfach weg. Werfen Sie alles weg, was Sie im vergangenen Zeitraum von vier Wochen nicht verwendet haben. Sie werden im ersten Moment natürlich sagen, dass das nicht geht und dass man ja nicht weiß, ob man das Papier nicht doch noch einmal braucht. Seien Sie einfach ehrlich zu sich selber: Nutzen Sie das, was Sie in der Hand halten, wirklich?

4. Sie kommen dann auch an den Punkt, wo Sie auf Papiere und Vorgänge aufmerksam werden, die sie noch brauchen. Und stellen womöglich fest, dass Sie keine dafür strukturierte Ablage haben. An diesem Punkt könnten Sie an die Gestaltung Ihres Ablagesystems gehen, was Sie sicherlich ein bis zwei Stunden in Anspruch nehmen wird. Wie Sie diese Aufgabe lösen, steht im folgenden Kapitel.

Ein Trick noch zum Abschluss: Wenn Sie unsicher sind, ob Sie etwas nicht doch noch brauchen, empfiehlt sich die Monatskiste: Im September z. B. schmeißen Sie alles in eine Kiste, was als »Wegwerfkandidat« infrage kommt. Was Sie davon im Laufe der Zeit nicht dringend benötigen und herausgeholt haben, brauchen Sie tatsächlich nicht. Schmeißen Sie dann am 31. Oktober den gesamten Inhalt unbesehen weg. Unbesehen deshalb, um nicht doch wieder schwach zu werden.

Ein Hinweis: Wenn Sie nach Ihrer Wegwerfaktion nicht mindestens drei- bis viermal etwas suchen, was Sie hatten, fahren Sie immer noch mit übergroßer Vorratshaltung. Sie bunkern mehr als Sie brauchen. Sie haben das Ziel, Unbrauchbares konsequent wegzuwerfen, noch nicht erreicht.

Checkliste: Wie gut ist Ihr Arbeitsplatz organisiert?		
Test	Ja	Nein
1 Kommen Vorgänge durcheinander, wenn Sie Ihren Schreibtisch schnell aufräumen?	☐	☐
2 Stapelt sich Papier auf Ihrem Schreibtisch?	☐	☐
3 Wachsen die Papierstapel?	☐	☐
4 Bewegen Sie diese Papierstapel häufig hin und her, um das Gesuchte zu finden?	☐	☐
5 Liegen Vorgänge unsortiert auf Ihrem Schreibtisch?	☐	☐
6 Suchen Sie manchmal vor einer Reise Fahrkarten, Flugscheine, Hotelreservierungen oder wichtige Unterlagen im letzten Moment zusammen?	☐	☐
7 Kommt es vor, dass Sie bei Sitzungen oder Besprechungen wichtige Notizen nicht zur Hand haben?	☐	☐
8 Sind Ihnen schon mal Elemente oder Details Ihrer Projekte »entschlüpft«?	☐	☐
9 Suchen Sie ab und zu nach Rechnungen oder anderen Belegen?	☐	☐

Auflösung

0 x Ja: Herzlichen Glückwunsch! Ihr Arbeitsplatz ist sehr gut organisiert!

1 x Ja: Kümmern Sie sich um diesen Punkt. Machen Sie einen Aktionsplan, wie Sie dieses Problem zukünftig vermeiden.

2 x Ja: Planen Sie Zeit ein, um auf Ihrem Schreibtisch »klar Schiff« zu machen.

Ab 3 x Ja: Sofortige Aktion ist notwendig!

Das Ablagesystem nach Maß

Das Ablagesystem hilft, sich einen Überblick über gespeicherte Informationen in schriftlicher und bildlicher Form oder über ein sonstiges Medium zu verschaffen. Ein Ablagesystem sollte jeder für sich definieren und darin nur die Dokumente aufbewahren, die für die Bearbeitung der eigenen Aufgaben notwendig sind.

> Typisch für ein nicht-funktionierendes Ablagesystem ist z. B., dass bei einem Umzug ein Rest an Unterlagen am alten Ort bleibt (physisch oder elektronisch). Und später weiß niemand mehr, was damit gemacht werden soll.

Es fällt immer wieder auf, dass viele Ablagesysteme unsystematisch aufgebaut sind. Sie sind in der Regel historisch gewachsen. Beispielsweise ist das Ablagesystem im Computer anders organisiert als im Papierordner. Das führt zu unterschiedlichem Ablageverhalten, zu Doppelführungen und damit zur Verwirrung. Zum Teil ist die Ablage chronologisch organisiert, zum Teil alphabetisch. Dann gibt es wieder themenbezogene Informationsablagen. Manchmal ist der Nutzen unklar, und auch, ob die Dokumente jemals wieder gebraucht werden. Daraus entsteht eine Unmenge an unsystematisch archivierten Dokumenten.

Das Chaos im PC ist zwar nicht sichtbar, aber doch vorhanden. Dort ist es nach ca. drei bis fünf Jahren fast unmöglich, bestimmte Texte, Tabellen, Präsentationen auf Anhieb zu finden. Viel Zeit wird mit Suchen verschwendet. Die Verhaltensweise, spontan Ordner, Unterordner und nochmals Unterordner auf dem Rechner zu schaffen und nach Bedarf alles darin abzuspeichern, führt früher oder später zu einer vollen Festplatte, zumindest aber zum Qualitätsverlust, weil nicht mehr transparent ist, welche Informationen überhaupt verfügbar sind und welche Informationen systematisch wohin gehören.

> Gerade im Computer wird zwar fleißig abgelegt, aber nie bzw. sehr selten die komplette Ablage durchgesehen und Unnötiges entsorgt.

Gesteigert wird dieses Problem für die Nutzer von Intranet und Internet, weil dort die Möglichkeiten von Informationssammlung schier unbegrenzt scheinen – aber die Möglichkeit, die Informationen zu ordnen, selten wahrgenommen wird (etwa durch ein Favoritensystem).

Welchen Nutzen hat eine strukturierte Ablage?

Die Vorteile einer strukturierten Ablage liegen auf der Hand:

- Informationen können schnell eingeordnet und wieder aufgefunden werden.
- Man erhält einen schnellen Überblick über alle Informationen.
- Stellvertreter, die Aufgaben übernehmen müssen, finden sich leichter zurecht.
- Fairness: Ein klares Ablagesystem hilft anderen Kollegen Inhalte schneller zu finden.

- Überblick: Als Projektleiter/Vorgesetzte kann man das Ganze besser im Auge behalten; damit wird die Ablage zum Führungsinstrument.

- Der physische Raumbedarf wird in Grenzen gehalten.

- Eine dünne Ablage sammelt weniger Papier und damit weniger Staub an. Damit werden Pantoffeltierchen und Schädlinge gering gehalten und die gesundheitliche Belastung verringert sich.

Wie wird eine Ablage aufgebaut?

1. Analysieren Sie die eigenen Kernaufgaben.

2. Bilden Sie dann Blöcke, und zwar nicht mehr als 10 Hauptblöcke. Beispiele für Hauptblöcke könnten Kunden, Lieferanten, Produkte, Projekte, Werkzeuge, Mitarbeiter oder Verantwortungsbereiche sein.

3. Wenn Sie die Hauptblöcke identifiziert haben, bilden Sie Unterstrukturen. Eine mögliche Unterstruktur bildet die alphabetische Ordnung von A–Z, eine weitere die chronologische Sortierung.

Eine Möglichkeit die Hauptblöcke zu identifizieren, zeigt das folgende Beispiel:

BEISPIEL

Sie erhalten von Lieferanten bestimmte Dienstleistungen oder Produkte. Somit ist die erste Hauptgruppe die der Lieferanten – von A bis Z. Die zweite

Hauptgruppe ist das, was Sie an verschiedenen Dienstleistungen oder Produkten erhalten. Dann können diese Produkte in einer weiteren Hauptgruppe alphabetisch kategorisiert werden. Sie selber veredeln diese Produkte, arbeiten also mit diesen Produkten mittels bestimmter Werkzeuge. Diese Werkzeuge können nun selbst wieder kategorisiert werden. Eine nächste Hauptgruppe sind Ihre Mitarbeiter. Schließlich geben Sie die Produkte an jemanden weiter – die nächste Hauptgruppe wären also die Kunden. Eine weitere Hauptgruppe bilden die unterschiedlichen Informationsquellen und Informationen, die das Unternehmen an Sie heranträgt. Es könnten dies auch Besprechungsrunden innerhalb Ihrer Organisation sein, die nicht direkt an Ihre Aufgaben gebunden sind.

Wie sehen die Unterkategorien aus? Wenn Sie z. B. in Projekten arbeiten, könnten Sie diese ablegen

- nach Name alphabetisch oder
- nach eindeutigen Projektnummern.

Eine weitere Unterstruktur bei Projekten wäre der Projektablauf, der meist in sog. Meilensteinen unterteilt wird. Falls bestimmte Elemente fehlen, dann bleiben diese Unterordner einfach leer.

Beispiele für Ablagestrukturen

Der Aufbau der Ablage einer Führungskraft kann sich etwa nach deren Aufgaben richten:

- Mitarbeiter
  - Einstellung
  - Kündigung
  - Entwicklung
  - Zielvereinbarung
  - Leistungsbeurteilung
  - Ausbildung
- Pläne und Reporting
  - Monat
  - Quartal
  - Jahr

- Fachaufgaben, z. B. bei Projekten
  - nach Projektphasen

- Weitere administrative Infos (Prüfen, ob überhaupt abgelegt werden muss?)
  - spezielle Themen
  - ...

Wenn Sie mehrere Mitarbeiter, Fachaufgaben und Projekte haben, dann ordnen Sie diese alphabetisch oder chronologisch. Das erleichtert die Identifikation.

Für einen **Berater** stellt sich die Systematik z. B. wie folgt dar:

Produkte	
Produkt A	**Produkt B**
• Instrumente	• Instrumente
• Tests	• Tests
• Teilnehmerunterlagen Spiele Konzeptionen	• Teilnehmerunterlagen Spiele Konzeptionen

Kunden	
Kunde A	**Kunde B**
• Verträge Schriftwechsel	• Verträge Schriftwechsel
• Abmachungen und Konditionen	• Abmachungen und Konditionen
Lieferanten	
Lieferant A	**Lieferant B**
• Verträge	• Verträge
• Schriftwechsel	• Schriftwechsel
• Abmachungen und Konditionen	• Abmachungen und Konditionen
• Produktinformation	• Produktinformation

Einige abschließende Tipps:
Lassen Sie sich von anderen verschiedene Ablageordnungen zeigen und entscheiden Sie sich dann für das passende System. Überlegen Sie auch, welche Softwareanwendungen (etwa MS Project, eigenes Wiki) das gesamte Datenmanagement in Ihrem Unternehmen unterstützen können. Bei der Frage nach der Archivierung wichtiger Dokumente empfiehlt es sich, nach einer einheitlichen Lösung für das ganze Unternehmen zu suchen. Für das Organisieren abonnierter Blogs, Nachrichtenseiten oder Artikel gibt es hilfreiche Apps wie z. B. Feedly, GetPocket, Flipboard oder Evernote.

Ausblick

Sie haben beim Durcharbeiten erste Schritte in einem Prozess gemacht. Hören Sie jetzt bitte nicht auf!

Wenn Sie das Gefühl hatten, an diesem oder jenem Punkt steckt eine Wahrheit dahinter, arbeiten Sie genau hieran! Sie haben das Problem erkannt. Machen Sie den nächsten Schritt.

Wie sieht die Lösung aus? Bis wann soll das Problem gelöst sein? Seien Sie konsequent, bis Sie in diesem Selbstmanagement-Bereich eine Routine entwickelt haben. Und dann machen Sie am nächsten kritischen Punkt weiter. Setzen Sie auch hier die Prioritätenliste ein.

Arbeiten Sie nicht nur »irgendwie« an sich – also womöglich nur dort, wo es gerade besonders leichtfällt. Tun Sie es mit ganz konkreter Zielsetzung und mit ganz konkreten Hilfsmitteln. Lassen Sie sich nicht ablenken!

Wenn etwas schief geht oder nicht auf Anhieb klappt, verzweifeln Sie nicht. Sicher wissen Sie dann auch schon, woran es gelegen hat und wo Sie ansetzen müssen. Und freuen Sie sich, wenn Sie langsam so manches in Ihrem Arbeitsalltag besser in den Griff bekommen.

Wir wünschen Ihnen

- die Weisheit, zurückzublicken und die Vergangenheit zu verstehen;

- die Offenheit und Freude, die Gegenwart aufzunehmen,

- und die Geduld mit sich selber, das Erkannte mit Mut und Kraft im Vorwärtsgehen umzusetzen.

Entscheiden Sie jetzt über Ihre nächsten konkreten Schritte!

Teil 2: Training Selbstmanagement

Das ist Ihr Nutzen

Stellen Sie sich jemanden vor, der ein erfülltes und erfolgreiches Leben führt, Spaß an der Arbeit hat, Freude mit Partner und Kindern erlebt, jeden Morgen mit Elan aus dem Bett hüpft und motiviert den Tag gestaltet, den Feierabend genießt, tief und erholt schläft, mit einem Lächeln auf den Lippen aufwacht und den neuen Tag begrüßt. »Hat dieser Mensch zu viel Werbung geschaut?«, werden Sie sich vielleicht jetzt fragen. Nein, das bestimmt nicht – er übt sich »nur« in Selbstmanagement!

Unter »Management« versteht man zweierlei: Zum einen die lenkenden Organe eines Unternehmens, andererseits auch alle Aufgaben und damit verbundenen Fähigkeiten, die zur Bewältigung der Leitungsaufgaben eines Unternehmens nötig sind. Letzteres wird heute jedoch nicht mehr nur auf die Leitungsebene eines Unternehmens bezogen, sondern auch auf viele Arbeitsplätze und die Arbeitstechniken, die die Anforderungen des Arbeitsplatzes bewältigen helfen. Das Konzept des Selbst wiederum fasst die bewussten und unbewussten Aspekte der Persönlichkeit als wahrnehmbare Struktur und als handelnde »Akteure« zusammen. Damit wird deutlich, dass Führender und Geführter in einer Person zusammenfallen, wenn Selbstmanagement als »Führen des Selbst« interpretiert wird. Selbstmanagement hat also mit dem ganzen Menschen und seinem Lebensumfeld zu tun, mit dem Privat- und Berufsleben – und dies ist auch die Perspektive dieses TaschenGuides.

Aspekte des Selbst entdecken

In diesem Kapitel lernen Sie mehr darüber,

- was Erfolg für Sie bedeutet,
- welche Faktoren Ihre Art des Selbstmanagements beeinflussen,
- welchen Einfluss Ihre eigene Wahrnehmung auf Sie hat.

Darum geht es in der Praxis

Effizientem Selbstmanagement geht eine intensive Bestandsaufnahme der wesentlichen Lebensbereiche eines Menschen
voraus. Die sogenannte Work-Life-Balance, die sich (wahrscheinlich) daraus ergibt, beruht auf dem gefühlten, nicht auf
dem mathematischen Gleichgewicht zwischen Tun, Körper,
Sein und Sinn. Diesen vier tragenden Säulen sind deshalb die
folgenden Kapitel dieses TaschenGuides gewidmet.

Der Betrachtung der vier Bereiche ist dieses erste Kapitel vor-
angestellt. Da ja, wie bereits erläutert, »das Führen des Selbst«
Ziel des Selbstmanagements und Thema des Buches ist, erscheint es sinnvoll, einige für das Selbstmanagement relevante
Aspekte etwas näher zu beleuchten. Dabei ist dieses Kapitel
nicht als Persönlichkeitstest gedacht – denn was hätten Sie davon zu wissen, dass Sie Typ X oder Y sind? Lassen Sie uns daher
eine andere Perspektive einnehmen: nämlich die des Entde-
ckers! Betreten Sie den Kontinent Ihres Selbst wie ein weit-
gehend unbekanntes Land und entdecken Sie es wieder oder
neu. Beobachten Sie sich z. B. dabei, wie Sie einen Wunsch im
inneren Dialog diskutieren. Welche Gefühle löst das bei Ihnen
aus? Welche Kraft entsteht oder schwindet?

Dann stellen Sie sich die Frage, in welcher Situation diese Vorgehensweise genau die richtige für Sie sein könnte. Machen
Sie sich selbst zum Forschungsobjekt und nehmen Sie sich unter die Lupe, klären Sie Ihre Themen und legen Sie so das Fun-
dament für ein erfolgreiches Selbstmanagement.

Wo stehen Sie jetzt?

Ein Ziel stecken

Übung 1

5 min

Um einen möglichst großen Nutzen aus der Lektüre und den Übungen ziehen zu können, sollten Sie zunächst klären, welche Erwartungen Sie an dieses Buch haben. Da Ihre Aufmerksamkeit durch Ihr Interesse gelenkt wird, gehen Sie an die Arbeit, indem Sie sich überlegen, welchen Zweck Sie mit diesem Buch verfolgen.

Wollen Sie

- sich über Selbstmanagement informieren?
- Ihr Wissen zum Thema erweitern?
- bestimmte Ziele erreichen
- die Balance Ihrer Lebensbereiche verbessern?
- neue Ideen oder Ziele entwickeln?

Ich lese dieses Buch, weil

_____

_____

_____

_____

Lösung

Natürlich gibt es für diese Übung nur individuelle Antworten. Entscheidend ist, dass Sie sich auf Ihre Absicht(en) fokussieren. Dadurch geben Sie Ihrer Beschäftigung mit sich selbst eine Zielrichtung und kommen schneller zum Erfolg.

Praxistipps

- Selbstmanagement ist keine Aufgabe, die sich ad hoc lösen lässt, sondern eher ein Prozess. Haben Sie Lust, tiefer einzusteigen? Dann legen Sie sich als Ergänzung zum Taschen-Guide ein Notizbuch zu. Erfassen Sie darin Ihre Übungsergebnisse in Text- oder Mind-Map-Form. Beginnen Sie noch während der Lektüre und führen Sie es als »Selbstmanagementagenda« auch nach dem Abschluss Ihrer Arbeit mit dem TaschenGuide weiter.

- Verfassen Sie nicht nur Texte oder Listen. Wesentlich assoziativer und kreativer sind Mind Maps. Diese »Gedanken-Landkarten« führen Sie nicht nur zu vielfältigeren, detaillierteren Antworten, sondern auch zu dem einen oder anderen Aha-Erlebnis. Mind Maps helfen Ihnen, Ihr Selbstmanagement zu verbessern.
Hinweis: Eine praktische Einführung, wie Sie »Gedankenlandkarten« erstellen und einsetzen können, bietet der Taschen-Guide »Mind Mapping«.

Sich selbst organisieren

Übung 2

10 min

Die Basis für erfolgreiches Selbstmanagement ist ein funktionierendes »Zeitmanagement«: eigentlich eine falsche Bezeichnung, denn Zeit lässt sich nicht managen. Sie können nur beeinflussen, was Sie mit ihr anfangen, wie Sie sie gestalten und erleben. Zeitmanagement ist im Idealfall eine individuelle Antwort auf allgemeine organisatorische Anforderungen sowie berufliche und private Herausforderungen.

Wie organisiere ich meine Termine?

_____

_____

Wie und wo verwalte ich meine Adressen?

_____

_____

Aufgaben sind zu priorisieren und zu terminieren. Wie habe ich dies organisiert?

_____

_____

Wie strukturiere und bewältige ich eingehende Informationen (z. B. Briefpost, Mails, Zeitschriften)?

_____

_____

Wie organisiere ich meine Ideen?
_____
_____

Versuchen Sie doch einmal etwas Neues: Erstellen Sie einen Überblick über Ihre Selbst- und Zeitmanagementhilfsmittel in Form einer Mind Map.

Hier haben Sie Platz, um die Mind Map zu zeichnen:

Lösung

Beispiel für eine Lösung der Aufgabe in Mind-Map-Form:

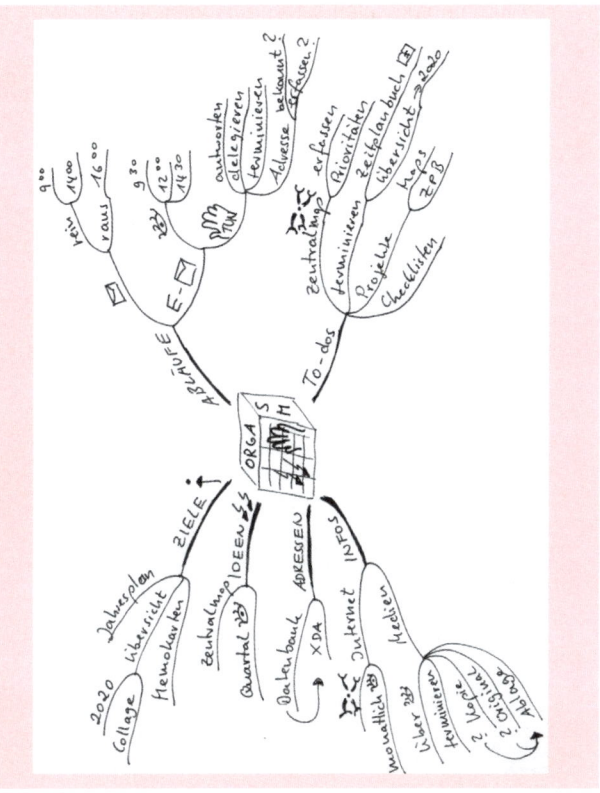

Praxistipp

Lassen Sie sich nicht von Ihrem Terminplan beherrschen: Selbstmanagement beginnt in dem Moment, in dem Sie mehr Termine für Ihre Prioritäten setzen und weniger Prioritäten für Ihre Termine.

Selbstmanagement und Erfolg

Erfolg definieren

Übung 3

10 min

Es wird viel über Erfolg geredet: »Mein Haus, mein Auto, mein Boot ...« Erfolg macht selbstbewusst, verschafft Vorteile und Prestige. Wer Erfolg haben, Ziele erreichen, Wünsche realisieren will, sollte sich aber auch mit Selbstmanagement beschäftigen. Dabei ist Erfolg keine feste Größe: Jeder von uns hat einen ganz persönlichen Begriff davon. Wie sieht Ihre Definition von Erfolg aus? Was verstehen Sie darunter? Lassen Sie sich von den folgenden Fragen helfen:

Bedeutet Erfolg für mich,

- eine bestimmte berufliche Position erreicht zu haben?
- ein Monatsgehalt von soundso viel Euro zu bekommen?
- alle Herausforderungen meines Lebens anzunehmen und so gut wie möglich zu bewältigen?
- eine glückliche Partnerschaft zu leben?
- mir treu bleiben zu können und mich nicht zu verbiegen?

Notieren Sie hier Ihre eigene Erfolgsdefinition:

_____

_____

_____

Lösung

Wie auch immer Ihre persönliche Antwort lautet: Eine eigene Erfolgsdefinition macht Sie freier und unabhängiger von den Urteilen anderer und von gesellschaftlichen Kriterien. Sie stärken damit Ihr Selbstvertrauen und Ihre Motivation und stellen sicher, dass Sie nicht die falschen Ziele verfolgen.

Praxistipps

Folgende Erfolgsdefinition habe ich bei einem Zeitplanbuchhersteller gefunden und etwas verändert:

$$\text{Erfolg} = \frac{\text{Wünsche/Ziele x Aufmerksamkeit x Disposition}}{\text{innere Blockaden x äußere Grenzen}}$$

- Aufmerksamkeit ist hier der Grad des geistigen, emotionalen, zeitlichen oder auch finanziellen Aufwands, den Sie für Wünsche oder Ziele investieren.

- Disposition drückt aus, wie gut das Ziel zu den vorhandenen Stärken passt.

- Innere Blockaden sind Überzeugungen, Glaubenssätze oder Emotionen, die Sie behindern.

- Äußere Grenzen werden von Rahmenbedingungen gesetzt, die Sie real oder scheinbar behindern.

Auf dem Weg zum Erfolg können Sie jeden Parameter verändern. Da es sich um einen Quotienten handelt, kann es effizienter sein, einen Parameter im Nenner zu verringern, als ständig die Komponenten des Zählers zu erhöhen.

Faktoren, die Ihr Selbstmanagement beeinflussen

Persönliche Zeitorientierung
Übung 4
10 min

Unabhängig von der Tatsache, dass das Leben immer in der Gegenwart stattfindet, hat jeder Mensch eine bevorzugte Zeitorientierung. Damit ist eine grundsätzliche Affinität zu einem der drei Zeitbereiche Vergangenheit, Gegenwart und Zukunft gemeint. Sie hat direkten Einfluss auf das persönliche Selbstmanagement.

Sie kommen Ihrer Orientierung auf die Spur, indem Sie die für Sie zutreffenden Aussagen ankreuzen:

1	Wenn meine soziale Sicherheit gefährdet ist, mache ich mir große Sorgen.
2	Ich mache mir meist nur Sorgen über Dinge, die sofortiges Handeln erfordern.
3	Ich sorge mich häufig um die Zukunft.
4	Planung ist wichtig, um die Herausforderungen der Zukunft zu meistern.
5	Meine Planung orientiert sich an bisherigen Erfahrungen.
6	Manches erledige ich gern spontan, unabhängig davon, was geplant war.
7	Risiken begegne ich eher vorsichtig.
8	Bevor ich Risiken eingehe, sichere ich meine Entscheidung mit Fakten und Informationen ab.

9	Mein Motto ist: »Der frühe Vogel fängt den Wurm.«	
10	Schöne, vergangene Zeiten sind ein Quell der Freude für mich, an die ich gern zurückdenke.	
11	»Jetzt« und »Heute« sind meine Maßstäbe.	
12	Ich setze mich häufig mit dem, was sein wird, auseinander.	

Sehen Sie nun in der folgenden Tabelle nach, welche Fragen welchem Zeitbereich zuzuordnen sind, und zählen Sie für jeden Ihre Kreuze zusammen. Die meisten Ja-Antworten geben Aufschluss über den Zeitbereich, auf den Sie am ehesten fokussiert sind.

Zeitbereich	Fragen	Wie oft angekreuzt?
Vergangenheit	1, 5, 7, 10	
Gegenwart	2, 6, 9, 11	
Zukunft	3, 4, 8, 12	

Lösung

Die Orientierung an den einzelnen Zeitbereichen hat für Ihr Selbstmanagement folgende Bedeutung:

- **Vergangenheit:** Sie setzen eher auf Bewährtes und bereits gemachte Erfahrungen. Planung und Zielsetzung sind oft gekennzeichnet durch eine Fortschreibung der Vergangenheit in die Zukunft. Dabei entwickeln Sie Routine und halten Absprachen und Prioritäten ein. Ein flexibles Einstellen auf neue Situationen fällt aber nicht leicht und braucht Zeit.

- **Gegenwart:** Sie stehen der Vergangenheit wie der Zukunft eher unbeeindruckt gegenüber und bevorzugen schnelles, spontanes Handeln in der Gegenwart. Eine zu genaue, detaillierte Planung ist Ihre Sache nicht. Sie unterschätzen häufig die für Aufgaben benötigte Zeit und variieren leicht Prioritäten oder Ziele, da Sie am gerade Machbaren interessiert sind. Ihr Selbstmanagement dient der Bewältigung des Alltagsgeschäfts.

- **Zukunft:** Sie beschäftigen sich mit dem Kommenden und stellen gern vorausschauende Überlegungen an, um sich für die Zukunft zu wappnen. Sie brauchen Fakten und Informationen, um sich auf neue Situationen einzustellen, und entwerfen Strategien und Konzepte. Sie können detailliert planen, haben aber eher die große Linie im Blick. Aus dieser Perspektive setzen und beachten Sie Ihre Prioritäten. Die Unsicherheit der Zukunft versuchen Sie durch das Sammeln von Informationen abzuschwächen.

Sich beim Denken zuschauen

Übung 5

10 min

Dem eigenen Denken auf die Spur zu kommen ist Thema dieser und der nächsten Übung. Das menschliche Gehirn benutzt je nach geistigem Prozess bestimmte Sinneskanäle – es verbindet also Wahrnehmungskanäle mit Bewusstseinszuständen, was sich durch Messung der unterschiedlichen Gehirnströme nachweisen lässt.

- Der visuelle Sinneskanal bezieht sich auf alle bildhaften Aktivitäten und Eindrücke: Schauen, Vorstellen, Zeigen, aber auch Zeichnen, Lesen, Schreiben. Motto: »Betrachte das einmal so ...«

- Der auditive Kanal bezieht sich auf alle akustischen Tätigkeiten und Eindrücke wie Sprechen, Hören, Diskutieren, Erzählen, Fragen, innere Dialoge. Motto: »Ich sage dir, was ich dazu denke ...«

- Der kinästhetische Kanal bezieht sich auf körperliche Aktivitäten und Gefühle: Begreifen, Berühren, Spüren, Tun, Erfahren. Motto: »Das ist mein Gefühl dazu ...«

Markieren Sie im folgenden Text die darin enthaltenen Verben und Nomen, die den Sinneskanälen auditiv, visuell und kinästhetisch zuzuordnen sind:

»Obwohl ich während meines Studiums häufiger die Universität wechselte, hatte ich immer das Gefühl, auf dem richtigen Weg zu sein. Während meiner ersten Anstellung habe ich als

Teamleiter einiges vorangebracht und die Probleme mit dem neuen Produkt recht schnell in den Griff bekommen. Nach dem Projekt war die Zeit etwas schwierig für mich. Ich hielt Ausschau nach einer neuen Herausforderung, wollte meinen Horizont erweitern, hatte aber nur eine verschwommene Vorstellung, wie das in der Firma möglich sein könnte. Letztendlich hat mich keiner der Vorschläge meiner Vorgesetzten angesprochen. Die Stellenanzeige meiner jetzigen Firma klang dann wie Musik in meinen Ohren. Beworben habe ich mich, weil meine innere Stimme mich einfach nicht in Ruhe ließ.«

Lösung

Vergleichen Sie Ihre Markierungen mit der folgenden Liste:

- Kinästhetisch: »auf dem richtigen Weg zu sein«, »einiges vorangebracht«, »in den Griff bekommen«
- Visuell: »hielt Ausschau«, »Horizont erweitern«, »verschwommene Vorstellung«
- Auditiv: »angesprochen«, »klang wie Musik in meinen Ohren«, »innere Stimme«

Wenn man den Text unter dem Gesichtspunkt der geistigen Vorgänge betrachtet, ist zu erkennen, dass der Erzähler zu Beginn klar strukturiert ist, dann über einen Klärungsprozess (neue Herausforderung) berichtet und zum Schluss mitteilt, wie die Entscheidung gefallen ist, was den Ausschlag für die neue Stelle gegeben hat. Verbunden mit den Wahrnehmungskanälen ergeben sich für das Beispiel die folgenden Zusammenhänge:

- Organisieren – bewusstes Denken – kinästhetisch
- Sortieren – unterbewusstes Denken – visuell
- Kreieren – unbewusstes Denken – auditiv

Forschungsergebnisse zeigen, dass die Verbindungen zwischen Wahrnehmungskanal und Denkstil stabil sind – d. h. für eine bestimmte Art zu denken benutzt man in der Regel einen bestimmten Kanal, und umgekehrt kann der Kanal Auslöser für den Denkstil sein.

Was hat das Ganze nun mit Selbstmanagement zu tun? Zu wissen, wie das Gehirn organisiert, sortiert oder kreiert, kann Ihnen helfen, Ihr Selbstmanagement effizienter zu gestalten. Wenn Sie z. B.

- vor einem Problem stehen, also sortieren müssen, nutzen Sie genau jene Aktivitäten, die Ihren sortierenden Kanal ansprechen.

- sich Ziele setzen, erreichen Sie diese einfacher, wenn Ihre unbewussten Persönlichkeitsanteile mitziehen (siehe Übung 11). Über die Wahl des Wahrnehmungskanals können Sie Ihr unbewusstes Denken direkt ansprechen.

Praxistipps

- Versuchen Sie, ein Gefühl dafür zu entwickeln, welche Ihrer Sinneskanäle aktiv sind, wenn Sie Informationen aufnehmen, verarbeiten oder abrufen. Achten Sie dabei weniger auf den Inhalt, sondern mehr auf den Prozess Ihrer Informationsverarbeitung.

- Achten Sie auf die Verben, die Sie verwenden, und beobachten Sie Ihre Handlungen: Wollten Sie eine Skizze machen? Hatten Sie den Impuls umherzugehen?

- Setzen Sie Ihre Beobachtungen in Bezug mit der Beschreibung in Übung 5 und der folgenden Tabelle.

Nutzen Sie die kurze Übersichtstabelle, um Prozesse und Verhaltensweisen einzelnen Kanälen zuzuordnen und die Kanäle zu erkennen und zu unterscheiden:

	Kinästhetisch	Auditiv	Visuell
Bewusst	Dinge und Menschen anfassen; begreifen, tun, ausprobieren	Zuhören, diskutieren; redet gern und viel, spricht oft druckreif	Lesen; zusehen; zeigt und illustriert; intensiver Blickkontakt
Unterbewusst	Bewegen; wegschauen beim Nachdenken; fühlt sich in verschiedene Richtungen gezogen	Reden, um Klarheit zu bekommen; häufig innerer Dialog; kann anderen und sich selbst zuhören	Klärung mit Schreiben; Malen; Fotografieren; Augen schließen für tiefe Empfindungen
Unbewusst	Bewegung aktiviert Kreativität; von sich abgelenkt bei Berührung; selten Wettkampfsport	Stellt rhetorische Fragen an sich; mag nicht, dass andere die eigenen Worte ergänzen	Geschriebenes ist kostbar; Gestalt- oder Panoramablick; zu viele visuelle Eindrücke überfordern

Ihrer Informationsverarbeitung auf der Spur
Übung 6
10 min

Finden Sie nun heraus, mit welchem Wahrnehmungskanal (kinästhetisch, visuell, auditiv) Ihr Gehirn schwerpunktmäßig bewusstes, unterbewusstes oder unbewusstes Denken verbindet. Markieren Sie bei jeder Frage die zutreffendste Antwort:

Sie haben ein Möbelstück gekauft, das Sie nun zuhause zusammenbauen müssen. Was tun Sie zuerst?

1. Die Aufbauanleitung studieren.
2. Mit dem Partner/der Partnerin über die Vorgehensweise sprechen.
3. Alles auspacken, überprüfen, was da ist und wie es zusammengehören könnte.

Was mögen Sie am wenigsten?

4. Körperlichen Wettbewerb.
5. Schriftliche Tests.
6. Mündliche Streitgespräche.

Sie sitzen über einer kniffligen Aufgabe und könnten ein paar gute Ideen gebrauchen. Was trifft am ehesten zu?

7. Sie fangen an, Bilder und Möglichkeiten in Ihrer Vorstellung oder als Worte auf dem Papier hin und her zu bewegen.
8. Sie bekommen das Bedürfnis, sich zu bewegen.
9. Sie reden mit sich, hören Ihr inneres Konzert an Möglichkeiten.

Wenn Sie in Kontakt mit Menschen kommen, die Sie kaum kennen: Was könnte Sie am meisten irritieren?

10. Eine körperliche Berührung (nicht sexuell).

11. Langer Augenkontakt.

12. Viele Worte.

Wenn Sie bei einer Entscheidung zwischen zwei Alternativen wählen müssen, dann

13. fühlen Sie sich in verschiedene Richtungen gezogen.

14. betrachten Sie die Situation aus unterschiedlichen Perspektiven.

15. diskutieren Sie beide Alternativen.

Wie würden Sie spontan reagieren, wenn Sie jemand in der Ihnen gut bekannten Innenstadt nach einem Geschäft fragt (und wenn Sie alle Möglichkeiten hätten)?

16. Sie beschreiben in groben Zügen den Weg.

17. Sie machen eine kleine Skizze, um Ihre Wegbeschreibung zu visualisieren.

18. Sie bringen die Person ein Stück in die richtige Richtung.

Wenn Sie sich jemandem nah fühlen oder ihm nah sind, was ist Ihnen dann wichtig?

19. Berührung, körperliche Nähe (nicht sexuell).

20. Zuhören, Gespräche.

21. Ansehen, Augenkontakt.

Wenn ich unruhig oder aufgewühlt bin,

22. führe ich endlose Dialoge mit mir.

23. habe ich meinen Kopf voller Bilder oder Filme.

24. bin ich körperlich ganz unruhig und aufgewühlt.

Wenn es darum geht, dass Sie sich selbst wahrnehmen, was würden Sie am ehesten als zutreffend bezeichnen?

25. Dabei hilft mir die Stille, so kann ich zu mir kommen.

26. Ich weiß oft gar nicht so recht, wie ich mich fühle (vor allem, wenn ich wenig Bewegung habe).

27. Zu viele Bilder, Filme, Grafiken o. Ä. überlasten mich, dann kann ich mich nicht mehr spüren.

Lösung

Umkreisen Sie in der folgenden Tabelle die Nummern der Fragen, die Sie zuvor als zutreffend markiert haben:

	Visuell	Auditiv	Kinästhetisch
Bewusst (organisierend)	1, 17, 21	2, 16, 20	3, 18, 19
Unterbewusst (sortierend)	7, 14, 23	9, 15, 22	8, 13, 24
Unbewusst (kreierend)	5, 11, 27	6, 12, 25	4, 10, 26

Idealerweise sollten Sie in jeder Zeile eine Antworthäufung in jeweils einem Wahrnehmungskanal finden. Dies ist Ihr persönliches Muster der Informationsverarbeitung.

▪ Sollte das Testergebnis nicht ganz eindeutig sein – was vorkommen kann – oder Sie sich trotz recht klarem Ergebnis noch unsicher sind – was völlig normal wäre, denn kaum jemand ist es gewohnt, sich beim Denken zuzuschauen –, dann beobachten Sie sich einfach weiter.

▪ Da die meisten Menschen nicht gleichzeitig den bewussten und unbewussten Kanal nutzen können, findet man die Kanäle für bewusstes und unbewusstes Denken als erste, woraus sich automatisch der unterbewusste Kanal ergibt. Überlegen Sie: Was ist für Sie unvereinbar?

Tragen Sie hier Ihr persönliches Muster ein:

	Bewusst organisieren	Unterbewusst sortieren	Unbewusst kreieren
Sinneskanal			

Praxistipps

- Schärfen Sie Ihren Blick für die unterschiedlichen Wahrnehmungskanäle. Beobachten Sie, wie Ihr Gesprächspartner Sachverhalte beschreibt, über sich oder andere redet und wann er wach und aufmerksam ist oder abwesend oder zerstreut wirkt.

- Experimentieren Sie beim Lernen mit dem bewussten und unterbewussten Kanal. Sprechen Sie die Kanäle über den zugehörigen Sinn direkt an. In der Regel sollten Informationen über die Sinne des bewussten Kanals aufgenommen und von den folgenden Kanälen verarbeitet werden. Manche Menschen lernen jedoch deutlich effizienter, wenn der Input gezielt über den unterbewussten Kanal erfolgt.

Tun

In diesem Kapitel lernen Sie

- wie Sie aus Wünschen Ziele machen,
- welche Arten von Zielen man unterscheiden kann und wie sie am effizientesten formuliert werden,
- wie Sie Widerstände überwinden können.

Darum geht es in der Praxis

Der Beruf, Ehrenämter und Hobbys sind klassische Bereiche, in denen sich Fähigkeiten entwickeln und zum Ausdruck bringen lassen. Sie können die Basis für Erfolg, Karriere, Wohlstand und Anerkennung sein. Wenn umgekehrt jedoch eine Identifikation mit dem Beruf, ein Hobby fehlt, kann das in eine gegenläufige Spirale von Misserfolg, Depression und reduziertem Selbstwertgefühl münden.

- Welche Bedeutung hat Ihr (berufliches) Tun für Sie?
- Welche Ziele möchten Sie verwirklichen, welche Fähigkeiten entwickeln?
- Was ist für Sie entscheidender: Anerkennung durch Ihr Tun oder die Freude an persönlichem Wachstum durch Ihr Tun sowie die damit verbundenen Herausforderungen?

Ziele können Sie sich selbst stecken oder sie werden Ihnen vorgegeben. Wenn Sie in vorgegebenen Zielen auch eigene erkennen oder sie dazu machen, werden Ihre Ergebnisse besser, und Sie erreichen diese Ziele höchstwahrscheinlich schneller. Um Zielvorgaben zu erreichen, brauchen Sie in erster Linie ein funktionierendes Zeitmanagement. Um Ihre eigenen Ziele zu erreichen, brauchen Sie Selbstmanagement. Dieses Kapitel zeigt Ihnen, wie Sie dafür sorgen können, dass Ihre Wünsche zu echten Zielen werden, wie Sie deren Realisierung in Angriff nehmen – und wie Sie den gewählten Kurs über eine längere Weg- und vielleicht auch Durststrecke beibehalten.

Selbstmanagement Stufe 1: Ziele

Einfach mal träumen
Übung 7
30 min

Sie erinnern sich: Selbstmanagement bedeutet »Führen des Selbst«. Das Selbst ist letztlich die Quelle Ihrer Wünsche, und diese Quelle zapfen Sie jetzt an. Finden Sie heraus, was Sie sich wirklich wünschen. Also: Träumen Sie mal! Stellen Sie sich die folgenden Fragen und tragen Sie Ihre Antworten in die leeren Zeilen ein.

1. Tun: Was möchte ich noch erleben/verwirklichen?

_____

_____

_____

2. Körper: Wie will ich mich fühlen?

_____

_____

_____

3. Sein: Wie möchte ich sein?

_____

_____

_____

4. Sinn: Was soll einmal in meinem Nachruf stehen?

_____
_____
_____

Lösungstipps

- Vielleicht wissen Sie eher, was Sie nicht wollen, als was Sie wollen? Dann formulieren Sie positiv um, was Sie nicht wollen. Fragen Sie sich: »Wenn es das nicht sein soll – wie sollte die Situation sein, damit ich mich wohl fühle?«

- Sie können auch eine Mind Map erstellen. Dies hat den Vorteil, dass Sie dabei gleich Ihre Wünsche visualisieren. Somit kann nicht nur eine intensive, persönliche Wunschcollage entstehen, Sie tun auch schon den ersten Schritt zur Verwirklichung Ihrer Wünsche. Denn Bilder verankern sich viel leichter in unserem Gehirn als Wörter.

Lösung

War diese Übung leicht oder schwer für Sie? Manche Menschen haben verlernt, zu träumen und auf ihre eigenen inneren Impulse und Eingebungen zu achten. Wer völlig eingebunden ist in die Bewältigung des Alltags oder nur in Kategorien der Rationalität und Effizienz denkt, kann Probleme haben, diese Denkmuster loszulassen. Versuchen Sie es dennoch. Folgen Sie einem Gefühl der Freude, wie klein es zu Beginn auch sein mag.

Praxistipp

Achten Sie darauf, dass es auch wirklich Ihre persönlichen Träume und Wünsche sind, die Sie hier notieren – nicht die der Werbung, Ihrer Eltern oder Ihres beruflichen Umfeldes. Finden Sie die Dinge heraus, die Ihnen am Herzen liegen. Wie der Begriff »Herzenswunsch« nahelegt, hat das, was Sie in dieser Übung über sich erfahren, ganz persönlich mit Ihnen zu tun. Es gibt Ihnen eine Vorstellung, vielleicht auch nur eine Ahnung von der Person, die Sie sein könn(t)en – und von den Möglichkeiten, die Ihnen offenstehen und die Sie realisieren könn(t)en.

Vielleicht fällt Ihnen das Träumen leichter, wenn Sie die Ergebnisse der Übungen 5 und 6 berücksichtigen. Aktivieren Sie doch gezielt Ihren unbewussten Kanal:

- Kinästhetisch: bewegen Sie sich, tanzen Sie, spüren Sie in Ihren Körper hinein.

- Auditiv: Werden Sie still, hören Sie Ihre Lieblingsmusik, während Sie sich die Fragen der Übung stellen. Achten Sie auf Ihre innere Stimme, auf Worte, Dialog die auftauchen.

- Visuell: Blicken Sie ins Leere, gehen Sie ins Freie schauen Sie sich den Horizont an. Lassen Sie Bilder entstehen Ihrer Träume, sehen Sie sich in Ihrem Traum.

Das Gefühl hinter den Wünschen finden
Übung 8
30 min

Welche Träume oder Ideen möchten Sie als Nächstes realisieren? Suchen Sie sich die zwei Träume, die Ihnen am wichtigsten sind, aus Übung 7 aus und unterziehen Sie Ihre Auswahl einer Prüfung: Hinter vielen Wünschen, Träumen oder Ideen steht ein Gefühl, das man sucht. Finden Sie heraus, welche Gefühle Ihren Wünschen zugrunde liegen.

Mein 1. Wunsch:

_____

_____

_____

Diese Gefühle stehen dahinter:

_____

_____

_____

Mein 2. Wunsch:

_____

_____

_____

Diese Gefühle stehen dahinter:

_____

_____

_____

Lösungstipp

Wenn Sie sich mit dieser Übung schwertun, stellen Sie sich vor, Sie wollten einen bestimmten Pkw kaufen. Fragen Sie sich, warum es gerade dieses Fahrzeug sein soll. Vermittelt es Ihnen ein Gefühl der Sicherheit oder der Macht oder einen bestimmten Status? Spüren Sie dem wirklich nach – seien Sie ehrlich zu sich, hören Sie auch auf Ihr Bauchgefühl und nicht nur auf all die rationalen Argumente, die Ihnen wahrscheinlich zuerst in den Sinn kommen.

Lösung

Oft finden sich immer wieder dieselben Bedürfnisse hinter Wünschen und Träumen, z. B. das Bedürfnis nach

- Dominanz
- Sicherheit
- Stimulanz
- Genuss
- Einssein
- Liebe
- Ansehen
- Beständigkeit.

Wenn Sie erkennen, welches Gefühl hinter Ihren Wünschen steht, werden Sie frei – frei zu überlegen, ob Sie das gesuchte Gefühl nicht auch anders erreichen könnten: etwa, indem Sie sich andere Wünsche erfüllen, die einfacher, schneller oder kostengünstiger zu verwirklichen sind.

Aus Wünschen Ziele machen

Übung 9

15 min

Nachdem Sie die Gefühle entdeckt haben, die hinter Ihren Wünschen stehen, wählen Sie nun bitte einen Wunsch aus, mit dem Sie diese Übung durchführen. Vor allem durch die Entscheidung, das Gewünschte bewusst und zielgerichtet anzustreben, wie auch durch ganz konkrete, praktische Überlegungen machen Sie ein Ziel daraus. Notieren Sie es hier.

Dies ist mein Ziel: _____

_____

Daran merke ich, dass ich es erreicht habe: _____

_____

Welche Teilziele setze ich mir und wann sind sie erreicht?

_____

_____

Folgendes unternehme ich jetzt: _____

_____

Wer könnte mir helfen? _____

_____

Was könnte mich (be)hindern? _____

_____

Was motiviert mich? _____

_____

Lösungstipp

Nehmen Sie sich Zeit für diese Phase. Auch wenn die Fragen Sie dazu motivieren sollen, konkrete Überlegungen über Ihr Ziel und dessen Erreichung anzustellen, betrachten wir doch das Ziel noch aus einer eher grundsätzlichen Perspektive. Sie sind mit dieser Übung noch nicht in der wirklichen Planungsphase angekommen. Diese folgt im Prinzip danach und ist Teil Ihres Zeitmanagements.

Jetzt geht es darum den Wunsch auf seine Zielqualitäten hin abzuklopfen. Bleiben Sie kreativ und in Kontakt mit der positiven Energie Ihres Wunsches. Spielen Sie verschiedene Varianten (auch ungewöhnliche) durch. Kalkulieren Sie Durststrecken mit ein, ebenso wie die Helfer, die Sie bei Problemen unterstützen könnten. Machen Sie sich klar, was Sie für dieses Ziel motiviert. Was wird Sie bei der Stange halten, wenn es schwierig wird?

Praxistipps

- Nutzen Sie doch für diese Übung Ihre Selbstmanagementagenda, die mehr Platz für Ihre Notizen bietet.
- Natürlich können Sie auch jetzt schon, parallel zu den grundlegenden Überlegungen, erste konkrete Übersichten über Kosten, Zeitbedarf und Zeitrahmen oder konkrete Einzelmaßnahmen erstellen.

Mit Ihrer Entscheidung und den Überlegungen zu den aufgelisteten Punkten brechen Sie nun zur Realisierung Ihres Zieles auf. Viel Erfolg dabei!

Ziele formulieren

Die SMART-Zielformulierung

Übung 10

7 min

Sie haben nun eine allgemeine Checkliste zur Vorbereitung auf das Ziel erarbeitet. Neben all den anderen Überlegungen ist die Zielformulierung besonders wichtig. Sie ist eine Essenz Ihres Zieles, eine Gedankenstütze und Ihr Motivationsschub auf dem Weg zum Ziel. Eine der populärsten Strategien zur Zielformulierung ist die SMART-Methode:

Spezifisch:	Formulieren Sie möglichst genau und konkret.
Messbar:	Bauen Sie überprüfbare Größen ein, damit Sie wissen, wann das Ziel erreicht ist.
Aktiv:	Handeln Sie unabhängig zielgerichtet.
Realistisch:	Vermeiden Sie Unter- oder Überforderung.
Terminiert:	Bei (Zwischen-)Terminen zeigen sich die Fortschritte.

Überprüfen Sie Ihre bisherigen Zielformulierungen anhand der SMART-Kriterien. Wenn nötig oder sinnvoll, formulieren Sie Ihre Haupt- oder Etappenziele neu oder um.

_____

_____

_____

_____

Lösungstipp

Beachten Sie, dass der Punkt »Aktiv« immer einen erstrebenswerten positiven Zustand meint. Vermeiden Sie bei der Formulierung stets Konjunktive und Hilfsverben. Formulieren Sie klar, aktiv und im Präsens. Folgendermaßen könnten »smarte« Formulierungen lauten:

- An jedem Arbeitstag setze ich bei fünf Kunden die neue Kundenansprache um, um bis Ostern 50 Prozent mehr Kundentermine zu realisieren.

- Ab Mai fahre ich an drei Tagen in der Woche insgesamt 100 Trainingskilometer mit dem Rad, um im Septemberurlaub den Rheinradwanderweg zu absolvieren.

Lösung

- Empfinden Sie die erstellten »smarten« Zielformulierungen als motivierend? Sind Sie voller Tatendrang, wenn Sie die Zielformulierung hören oder lesen?

- Wenn Sie diese SMART-Formulierungsweise bereits kennen: Wie viele Ziele haben Sie mit ihrer Hilfe schon erreicht? Gibt es nicht eine ganze Menge so formulierter Ziele, denen es nicht besser ging als den Vorsätzen an Neujahr?

Praxistipp

Wie erwähnt soll die Zielformulierung eine tatkräftige Unterstützung sein, das angestrebte Ziel zu erreichen. Allzu oft tritt jedoch – gerade bei »smarter« Zielformulierung – dieser Aspekt in den Hintergrund. Wichtiger wird besonders, wenn mit der Zielerreichung bestimmte Gratifikationen oder Gehaltsanteile verknüpft sind, dass sich über das Ziel schnell ein Konsens herstellen lässt und dass alle Beteiligten unabhängig voneinander prüfen können, ob das Ziel wie vereinbart erreicht wurde.

Daher sind »smarte« Zielformulierungen sehr populär und werden als Führungsinstrument in Unternehmen gern eingesetzt. Allerdings hat diese Art der Zielformulierung für unser Thema Selbstmanagement auch einige gewichtige Nachteile:

- Durch die große Betonung des Handlungsanteils in der Zielformulierung sinken oft deren Motivationskraft, Identifikation und Energiegehalt.

- Ohne den Druck einer Unternehmenshierarchie tritt schnell die mangelnde Motivationskraft solcher Zielformulierungen zutage.

- »Smart« formulierte Ziele sind als Handlungsorientierung durchaus sinnvoll. Sie helfen, Teilziele zu festgelegten Zeiten zu erreichen. Sie verfehlen jedoch meist ihr Ziel, wenn es um Lernprozesse bzw. das Entfalten persönlichen Potenzials – also Selbstmanagement – geht.

- »Smart« formulierte Ziele verhindern, dass man in neuen Chancen und Möglichkeiten denkt, offen für andere Wege der Zielerreichung bleibt und Gelegenheiten erkennt, in verschiedenen Kontexten zum Ziel zu kommen.

- »Smarte« Ziele berücksichtigen zu wenig die unbewusst arbeitenden Systeme unseres Gehirns. Sie müssen mit dem Verstand intensiv verfolgt werden. Das ist sehr energieaufwendig und störungsanfällig, und Ihre Kapazitäten sind wahrscheinlich geringer als die Zahl Ihrer Ziele.

Ziele handlungswirksam formulieren
Übung 11

10 min

Die Chance, dass Sie Ihre Ziele erreichen, steigt in dem Maße, wie es Ihnen gelingt, Ihre Zielvorstellungen und die dazu führenden Handlungen als Prozesse zu automatisieren. Dazu müssen Sie Ihre Zielformulierungen und Zielvorstellungen ins emotionale Erfahrungsgedächtnis bringen. Das können Sie dadurch erreichen, dass Sie allgemeiner und gefühlsbetonter formulieren, z. B. mithilfe folgender Verben und Adjektive:

Ich	genieße	lebe	liebe
	freue mich	bin dankbar	bin glücklich
	bin begeistert	bin erfüllt	bin fasziniert

Formulieren Sie unter Zuhilfenahme dieser oder ähnlicher Wörter das Ziel aus Übung 9 um und notieren Sie es hier.

_____

_____

_____

_____

_____

Lösungstipp

Hüten Sie sich vor ungenauen oder die Energie reduzierenden Formulierungen. Formulieren Sie keine Absichten – also kein »Ich will, ich versuche, ich werde« –, sondern Zielzustände!

Lösung

Durch die neue Formulierung werden Sie sich viel mehr mit Ihrem Ziel identifizieren können. Vielleicht lauten Ihre neuen Formulierungen nun ähnlich wie diese aus Übung 10 umformulierten Beispiele:

- Ich genieße meine herausragenden Fähigkeiten der kundenorientierten Kommunikation.

- Begeistert und voller Freude und Energie radle ich den Rheinwanderweg von Basel bis Wiesbaden.

Haben Sie sich schon einmal bewusst gemacht, warum Auto- und Motorradfahrer Fahrsicherheitstrainings besuchen und Piloten im realitätsnahen Flugsimulator trainieren? Weil im späteren »Ernstfall« einer komplexen Stresssituation das bewusste Denken zu langsam wäre, um Entscheidungen zu treffen und Handlungen auszulösen. In solchen Fällen schaltet das Gehirn auf unbewusste Handlungssteuerung. Hierin liegt auch der Grund, warum viele Trainings keine dauerhafte Verhaltensänderung bewirken: Da das in der grauen Theorie erlernte Neue kaum die Schwelle des bewussten Denkens überschreitet, wird im Alltag nach dem Seminar wieder auf die alten – automatisierten Prozesse – zurückgegriffen.

Ziele in den unbewussten Kanal überführen
Übung 12
5 min

Mit den emotionalen Formulierungen der vorangegangenen Übung haben Sie versucht, sich Ihr Ziel »schmackhaft« zu machen. Indem Sie die emotionale Komponente integrieren, erreichen Sie deutlich motivierendere Formulierungen. Sollten Sie jedoch noch immer keinen Motivationsschub verspüren, kann dies entweder daran liegen, dass Sie den Kern Ihres Zieles noch nicht getroffen haben, oder dass Ihr Ziel mit Worten formuliert ist, die Ihr unbewusstes Denken nicht ansprechen.

Im ersten Fall versuchen Sie herauszufinden, worum es Ihnen bei Ihrem Ziel wirklich geht (z. B. mithilfe von Übung 8). Im zweiten Fall gehen Sie zurück zum Abschnitt über die persönlichen Wahrnehmungskanäle (Übung 6) und übersetzen Sie auf der nächsten Seite einige Zielformulierungen in den Modus Ihrer unbewussten Wahrnehmung. Sollten Sie sich noch nicht sicher sein, welchen Wahrnehmungskanal Ihr Unbewusstes favorisiert, übersetzen Sie ein oder zwei Ziele in alle drei Formen. Für das Beispiel der geplanten Fahrradtour aus den Übungen 10 und 11 würde das etwa heißen:

- **Visuell:** Ich genieße es, während der Tour am Rheinufer zu sitzen und über die Auen zu schauen.
- **Auditiv:** Das Surren der Reifen, das Zwitschern der Vögel macht mich glücklich auf meiner Tour.

- **Kinästhetisch:** Der Fahrtwind weht mir um die Ohren, die Sonne scheint, ich bin voller Power und dankbar.

Visuell: _____

_____

Auditiv: _____

_____

_____

Kinästhetisch: _____

_____

_____

Lösung

Bevorzugt Ihr bewusstes Denken den visuellen Kanal und Ihr unbewusstes Denken die kinästhetische Ausdrucksweise, so werden Sie elegante Zielformulierungen erstellen können, die jedoch immer fremd wirken. Erst wenn Sie den angestrebten Zielzustand körperlich spüren, ein Gefühl dafür entwickeln, hat Ihr Ziel die nötige Energie zur Realisierung. Für den auditiven und den kinästhetischen Kanal reicht Schreiben allein also nicht aus. Sie müssen darüber sprechen und sich dabei bewegen, eine Haltung einnehmen, die Sie haben, wenn das Ziel erreicht ist. Passen Formulierung und Kanal zusammen, so werden Sie mehr Energie und Zuversicht verspüren, dass Sie das Ziel auch erreichen können. Es fühlt sich stimmig an, es ist Musik in Ihren Ohren, Sie haben das richtige Bild vor Augen ...

Metaphern als Zielformulierungen
Übung 13

20 min

Eine weitere Möglichkeit, das emotionale Element und den bildhaften Charakter einer Zielformulierung zu erhöhen, ist der Einsatz von Metaphern oder Analogien. Darunter versteht man bildhafte Vergleiche – die Verbindung zweier ursprünglich nicht in Bezug zueinander stehender Komponenten. Ein Ziel als Metapher oder Analogie zu formulieren heißt also, in anderen (Lebens-)Bereichen nach dem Zielzustand zu suchen und dieses Bild direkt (Metapher) oder als Vergleich (Analogie) in Ihre Formulierung zu integrieren.

Solche Formulierungen zu finden ist nicht schwer, erfordert jedoch ein wenig Übung. Üben Sie an folgenden Beispielen die metaphorische Zielformulierung:

1. In Stresssituationen neige ich dazu, fahrig und nervös zu werden und den Blick fürs Wesentliche zu verlieren. Ich möchte lernen, in solchen Situationen Ruhe zu bewahren und die Dinge zu tun, die notwendig sind.

2. Mein Team besteht aus lauter Individualisten, die permanent ihr eigenes Süppchen kochen und sich nicht im Dienste der Sache in die Gruppe einfügen wollen. Wir müssen unsere Einstellung ändern und den Teamgeist fördern.

Mögliche Lösungen könnten hier lauten:

1. Stress weckt den Adler in mir. Ich erhöhe die Distanz, beobachte mit geschärftem Blick und treffe meine Entscheidungen.

2. Mein Team ist wie ein Vogelschwarm. Zusammen sind wir stark. Wir ziehen an einem Strang. Flexibel übernimmt jeder am passenden Ort zur richtigen Zeit Verantwortung. Leicht erreichen wir unsere Ziele.

Nehmen Sie sich nun das Ziel vor, das Sie sich schon ausgesucht hatten in Übung 9. Welche Metaphern kommen Ihnen hierzu in den Sinn? Mit welchen bildhaften Vergleichen könnte es Ihnen leichter fallen, sich auf Ihr Ziel einzuschwören? Orientieren Sie sich an den zuvor genannten Beispielen.

Meine bisherige Zielformulierung:_____

_____

_____

_____

_____

_____

Meine neue, metaphorische Zielformulierung: _____

_____

_____

_____

_____

_____

Lösung

Zielformulierungen als Metaphern oder Analogien haben einige direkte Vorteile: Sie

- bündeln mehrere Aspekte des Ziels,
- erzeugen direkt eine bildhafte, meist auch emotionale Vorstellung,
- prägen sich leichter ein.

Dadurch ist Ihnen Ihr Ziel präsenter, was wiederum die Konzentration darauf erleichtert. Als ich mich vor Jahren nebenberuflich auf die zentrale Abiturprüfung vorbereitete, suchte ich nach einer prägnanten und klaren Zielvorstellung, die mich drei Jahre lang motivieren und die Prüfungsangst reduzieren sollte. Ich fand für mich folgende Formulierung: Die Abiturprüfungen sind meine Olympischen Spiele. Ich habe mich jahrelang auf dieses Ereignis vorbereitet. Ich bin auf den Tag topfit. All mein Wissen steht parat. Das Abiturzeugnis ist meine Goldmedaille!

Dieses Bild hatte ich immer vor Augen, die Formulierung mir immer wieder vorgesprochen oder abgeschrieben. Von 36 Teilnehmern bestanden zwölf. Ich hatte das zweitbeste Ergebnis des Jahrgangs.

Ohne die Vorstellung eines Sieges bei Olympia hätte ich mir alles Mögliche, was schiefgehen könnte, ausgemalt. Es gab viele Unwägbarkeiten. Wie bei Olympia zählten nur diese wenigen Tage. Die Analogie war der Schlüssel für meinen Erfolg! Keine »smarte« Zielformulierung hätte das geleistet.

Ziele realisieren

Eine Zielmatrix für mehr Übersicht nutzen
Übung 14
10 min

Um in Ihre Ziele mehr Struktur und Übersicht zu bringen, können Sie sie nach folgenden Kriterien klassifizieren:

1. **Standardziel:** das, was Sie beibehalten möchten.
2. **Leistungsziel:** das, was Sie verbessern möchten.
3. **Innovationsziel:** das, was Sie neu beginnen möchten.

Greifen Sie dabei auf die vier Selbstmanagementbereiche dieses Buches zurück: Tun, Körper, Sein und Sinn. So erhalten Sie eine Zielmatrix, die mindestens zwölf Ziele enthält, jeweils eines pro Kriterium für alle vier Selbstmanagementbereiche. Wenn wir uns wieder das Beispiel der Radtour vornehmen (das dem Bereich Tun zuzuordnen ist), würde das bedeuten, dass die Radtour ganz unterschiedliche Ziele erfüllen kann:

1. Ich genieße Radfahren und das Naturerlebnis dabei so sehr, dass ich dieses Hobby intensiv weiterpflege.
2. Auf der Basis meines intensiven Trainings fahre ich voller Elan den Rheinradwanderweg mit 30 km/h Durchschnittsgeschwindigkeit.
3. Mit dem Rheinradwanderweg begründe ich mein neues begeisterndes Hobby der Fahrradfernreisen.

Entwerfen Sie nun für das aktuelle Jahr mithilfe einer Mind Map eine grobe Zielmatrix, indem Sie für jedes Ziel einen kurzen Schlüsselbegriff notieren. Auf der Basis dieser Mind Map können Sie dann einzelne Ziele ausformulieren. Auf dieser Seite haben Sie Platz für Ihre Mind Map.

Aufgaben priorisieren

Übung 15

5 min

Größere Ziele kann man nur erreichen, indem man die Rangfolge der Teilziele festlegt – also Prioritäten setzt. Fragen Sie sich, welchen Schritt auf dem Weg zu Ihrem Ziel Sie zuerst gehen wollen, welcher Schritt dann folgt usw.

Mein 1. Teilziel	
Mein 2. Teilziel	
Mein 3. Teilziel	
Mein 4. Teilziel	
Mein 5. Teilziel	

Lösungstipp

Prioritäten zu setzen heißt auszuwählen, was zuerst zu tun ist. Die Maßstäbe von Wichtigkeit und Dringlichkeit haben jedoch nur in Relation zu einem Ziel Bedeutung. Denn die Wichtigkeit oder Dringlichkeit einer Aufgabe ergibt sich nicht aus der Aufgabe selbst, sondern nur aus einer übergeordneten Position.

- Stellen Sie sich daher immer wieder die Frage: In Bezug auf welches Ziel ist eine Aufgabe wichtig/dringlich?

- Vergleichen Sie mit anderen Lebensbereichen und machen Sie sich bewusst, wie Sie dort Prioritäten vergeben.

- Setzen Sie Ihre Überlegungen in Beziehung zu Übung 4. Möglicherweise gibt es einen Zusammenhang zwischen Ihrem Verhalten und Ihrer Zeitorientierung.

Praxistipps

- Erfassen Sie Ihre Teilziele am besten in Ihrer Selbstmanagementagenda, sodass Sie Ihre Prioritäten immer wieder nachlesen und abhaken können.

- Achten Sie auf den Unterschied zwischen Ideen und Aufgaben. Nur weil es interessant wäre, etwas zu tun, ist es noch kein To-do. To-dos sind Teilaufgaben ganz konkreter Aufgaben. Alles andere sind Ideen. Sammeln Sie sie in einer eigenen Liste oder Mind Map.

- Wenn Sie häufig Ihre Prioritäten in den Wind schlagen, sollten Sie Intuition und Bauchgefühl in die Prioritätensetzung einfließen lassen. Wahrscheinlich ist die Ursache für Ihre Inkonsequenz bei den Zielen zu finden:
  - Wenn Sie sich nicht mit einem Ziel identifizieren, wird Ihnen die Kraft zur Umsetzung und Einhaltung der Prioritäten fehlen. Überlegen Sie, was Sie tun können, um das zu ändern.

  - Oder das Ziel ist noch nicht in Ihrem System der automatischen Handlungssteuerung etabliert. Optimieren Sie dann Ihre Zielformulierung und Ihr Zielbild.

Von Minimum zu Minimum gehen

Übung 16

5 min

Eine simple Erkenntnis des Chemikers Justus von Liebig hat im 19. Jahrhundert die Landwirtschaft revolutioniert: Liebig fand heraus, dass das Pflanzenwachstum von dem Nährstoff abhängt, der am wenigsten im Boden vorhanden ist. Sinnvolle und kostengünstige Düngung sollte sich also auf diesen Nährstoff konzentrieren; in der Folge wird immer der jeweils geringste Nährstoff gedüngt. Dies ergibt ein maximales Pflanzenwachstum bei minimalem Aufwand.

Diese Erkenntnis lässt sich auch ganz allgemein im Wirtschaftsleben oder beim Selbstmanagement als ergänzende Strategie für die Festlegung von Prioritäten anwenden: Bearbeiten Sie immer das aktuelle Minimum – den zu einem bestimmten Zeitpunkt zentralen Engpass.

Überlegen Sie nun, auf welchen Minimumfaktor Sie sich in Bezug auf Ihr Ziel konzentrieren wollen, und notieren Sie ihn hier:

_____

_____

_____

_____

_____

_____

Lösungstipp

Schulen Sie Ihren Blick für den Engpass in beruflichen und privaten Situationen. Suchen Sie sich ein aktuelles Problem und prüfen Sie folgende Bereiche auf mögliche Minimumfaktoren:

- Materialien, Ressourcen (materiell wie immateriell),
- Kommunikation, Zusammenarbeit (intern, extern),
- Fähigkeiten, Knowhow, Planung,
- Zielvorgaben, Identifikation, Überzeugungen.

Lösung

Wenn Sie sich konsequent von Minimumfaktor zu Minimumfaktor bewegen, erzeugen Sie eine Erfolgsspirale, die Sie mit minimalem Einsatz maximale Wirkung erzielen lässt. Ihre Kräfte sind gebündelt und immer auf einen Punkt ausgerichtet – das Minimum. Damit verändern und vereinfachen Sie die strategische Vorgehensweise, da Sie einer klaren Ausrichtung folgen.

Praxistipps

Betrachten Sie alle inneren und äußeren Aspekte einer Situation, um den entscheidenden Punkt zu finden, warum Sie ein Ziel nicht erreichen. Ein entscheidender Vorteil einer solchen Vorgehensweise ist, dass Sie damit gleichzeitig innere und äußere Faktoren erfassen.

Erhöhen Sie Ihre Energie – verringern Sie den Quotienten!

Die Obergrenze erweitern
Übung 17
5 min

Stellen Sie sich vor: Sie erreichen Ihre Ziele. Halten Sie das aus? Wie viel Glück »ertragen« Sie? Wie reich dürfen Sie sein an Materiellem, an Erfolg, an Ideen, an Gefühlen?

Kennen Sie diese oder ähnliche Situationen?

- Sie verbringen einen wunderbar harmonischen Tag mit Ihrem Partner. Und unvermittelt finden Sie sich in einem Streit über Belanglosigkeiten wieder.
- Sie fühlen sich glücklich und voller Energie, könnten tanzen und singen; stattdessen futtern Sie eine Tafel Schokolade oder rauchen ganz schnell einige Zigaretten.

Suchen Sie einmal in der letzten Zeit nach einer positiven Situation, die gekippt ist oder in der Sie Ihre Energie reduziert haben. Wie ging das zu? Welche Strategien haben Sie angewendet? Achten Sie auf den Prozess, weniger auf die Inhalte.

_____

_____

_____

_____

_____

_____

Lösung

Streit, Rückzug, Sorgen, Ablenkung und Genussmittel sind gängige Strategien, positive Lebensenergie zu »vernichten«. Haben Sie Ihre eigenen »Methoden« gefunden?

Den Beispielsituationen gemeinsam ist, dass positive Energie nicht ausgehalten wird. Sie stoßen an die Obergrenze dessen, was Sie an Glück oder positiven Gefühlen aushalten können, und reduzieren diese. Ein solches Verhalten kann Beziehungen gefährden und wird Sie auf Dauer in Ihrer persönlichen Entwicklung und in Ihrem Selbstmanagement hemmen!

Praxistipp

Die Alternative ist, sich in die positive Energie hineinzubegeben und sie bewusst wahrzunehmen. Halten Sie das Glück oder die Energie aus, lösen Sie sich von ihr, um sich wieder in sie hineinzubegeben. Niemand kann ununterbrochen Wiener Walzer tanzen. Aber Sie können einen intensiven Tanz aufs Parkett legen, sich etwas ausruhen und beim nächsten Tanz wieder durchstarten. Mit der Zeit gewöhnen Sie sich an ein gesteigertes Energielevel und lernen Ihre Obergrenze nach und nach zu erhöhen.

Nelson Mandela hat in seiner Antrittsrede als Staatspräsident die Predigerin Marianne Williamson zitiert, die diesen Sachverhalt so ausdrückte: »Unsere tiefste Angst ist nicht die vor unserer Unzulänglichkeit. Unsere tiefste Angst ist die Angst vor unserer unermesslichen Kraft. Es ist das Licht in uns, nicht die Dunkelheit, das uns am meisten ängstigt.«

Überzeugungen und Selbstbild

Übung 18

5 min

Die Erfahrung, eine Obergrenze zu erreichen, kann damit zusammenhängen, dass Sie ein neues Energielevel erreichen, die neue Qualität also nicht gewohnt sind. Ihr neues Energielevel kann aber auch mit Ihrem Selbstbild kollidieren. Jeder hat meist unbewusste Überzeugungen darüber, wie er ist oder sein darf, was ihm zusteht, was er sich wünschen darf und was nicht. Diese Überzeugungen können Ihren Erfolg verhindern bzw. Ihr Selbstmanagement sabotieren. Daher findet sich dieser Faktor im Nenner der Erfolgsformel von Übung 3.

Solchen Begrenzungen können Sie durch Selbstbeobachtung auf die Spur kommen. Ergänzen Sie die folgenden Sätze.

Ich darf erfolgreich sein, indem ich

_____

_____

Meine Wünsche sind gerechtfertigt:

_____

_____

Ich lebe mein persönliches Potenzial, nämlich

_____

_____

Lösungstipp

Mögliche Indizien dafür, dass Ihr Selbstbild Sie einschränkt, sind Situationen wie die folgenden:

- Sie haben bei Übung 7 nicht gewagt, ganz »enthemmt« Wünsche zu äußern oder zu träumen.

- Die emotionale Zielbeschreibung (Übung 11) hat Gefühle des Unwohlseins oder der Abwehr (»So ein Unsinn!«) in Ihnen ausgelöst.

Spüren Sie diesen negativen Glaubenssätzen und Hemmschwellen nach und machen Sie sie sich bewusst, um sie besser bearbeiten zu können.

Praxistipps

Wenn Sie mit einer sehr anspruchsvollen Zielformulierung auf ein negatives Selbstbild treffen, entsteht ein Widerspruch, der Ihre Kraft reduziert. Sie werden Probleme bekommen, Ihr Ziel zu erreichen. Versuchen Sie es deshalb mit einem nicht so hoch gesteckten Ziel oder geben Sie sich bewusst die Erlaubnis, das Ziel zu erreichen. Dazu formulieren Sie die begrenzende Überzeugung positiv um.

Da diese Prozesse oft unbewusst ablaufen, kann dies eventuell nicht ausreichend sein. Setzen Sie sich dann gezielt Erfahrungen aus, die ein neues Selbstbild aufbauen, oder tanken Sie Energie wie in Übung 38 beschrieben.

Fühlen Sie sich erfolgreich?
Übung 19
10 min

Nicht alle Überzeugungen sind unbewusst; manche von ihnen werden auf der Basis von gemachten Erfahrungen immer wieder neu erzeugt und bestätigt. Probieren Sie es aus: Auf der nächsten Seite finden Sie eine Linie, die die Zeitachse der letzten zehn Jahre Ihres Lebens darstellt. Skalieren Sie diese Linie in Zweierschritten mit Jahreszahlen oder Ihrem Alter. Beschriften Sie sie dann mit bemerkenswerten Ereignissen, Erfahrungen und Erlebnissen – und zwar positiven wie negativen.

Die eigentliche Übung besteht nun darin, dass Sie in einem Zweiergespräch eine kleine Biografie erzählen. Das können Sie sich geistig im inneren Monolog vorstellen oder auch mit einem Partner wirklich tun. Erzählen Sie Ihre Biografie in drei Versionen:

1. mit spontan aus der Zeitachse ausgewählten Einträgen,
2. nur mit negativen Einträgen der Zeitachse,
3. nur mit positiven Einträgen der Zeitachse.

Achten Sie dabei darauf, wie Sie erzählen und welche Gefühle Sie dabei empfinden, sowie auf mögliche Veränderungen in Ihrer Körperhaltung oder Atmung.

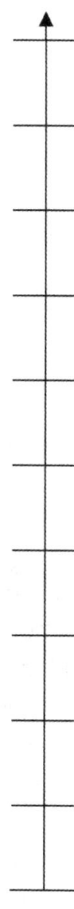

Lösung

Ich gehe davon aus, dass es Ihnen gelungen ist, drei Biografien zu konstruieren. Der entscheidende Unterschied liegt in den Gefühlen, die die Biografien während oder nach dem Erzählen nicht nur im Hörer, sondern vor allem in Ihnen wecken. Wer kann schon eine Biografie aus Misserfolgen mit optimistischem Lächeln und voller Selbstvertrauen erzählen?

Was Sie in einer konstruierten Übung getan haben, passiert automatisch im Alltag, wenn Sie von sich selbst erzählen. Alle Ereignisse sind vergangen, aber im Moment des Erzählens werden sie, meist zusammen mit den damit verbundenen Gefühlen, reaktiviert. Deshalb erleben Sie in der Gegenwart die Gefühle der Vergangenheit.

Praxistipps

- Kreieren Sie Ihre Geschichte so, dass sie einen positiven Einfluss auf die Gegenwart hat. Dazu müssen Sie das Vergangene nicht leugnen; Sie konzentrieren sich eben nur auf jene Ereignisse und Erfahrungen, die Sie in der Gegenwart weiterbringen. Konstruiert wird immer – entscheiden Sie, aus welchem Material!

- Natürlich kann auch das Umgekehrte vorkommen: In niedergeschlagener Stimmung wird es Ihnen schwerfallen sich an Ihre »Erfolgsbiografie« zu erinnern. Dann sollten Sie handeln: Bringen Sie Ihren Körper in eine andere Haltung, betrachten Sie Fotos Ihrer Erfolge oder materielle Ergebnisse Ihrer Erfolge, hören Sie Musik, die Ihnen Kraft gibt, Ihre Stimmung ändert! (Siehe auch Übungen 25, 26.)

Selbstmanagement Stufe 2: Vision

Von der Zielformulierung zur Vision

Übung 20

10 min

In dieser Übung geht es darum, Zielformulierungen in Visionen zu übersetzen. Visionen sind gefühlte, bildhafte Vorstellung(en) Ihrer Ziele und damit die Zentralen Ihres Selbstmanagements. Menschen träumen, erinnern, orientieren oder entscheiden sich nun einmal zu einem großen Prozentsatz anhand von Bildern. Gespräche, die Lektüre eines Buches oder Wünsche lösen innere Bilderfluten aus.

Wenn Sie die Zielmatrix von Übung 14 angelegt haben, stehen dort idealerweise zwölf Ziele. Wie wollen Sie diese mit einem Kurzzeitgedächtnis managen, das maximal sieben Inhalte bewältigen kann, wie man heute weiß? Die Lösung heißt »Chunking« und kommt aus dem Gedächtnistraining: Informationen werden zu größeren Einheiten zusammengefasst. So funktioniert auch die Vision: Sie fasst Einzelziele zu Einheiten zusammen, weckt Gefühle, Identifikation und Motivation. Suchen Sie sich eine der Zielformulierungen aus Übung 10 aus, schließen Sie die Augen und füllen Sie sie mit Bildern und Leben. Machen Sie Ihre Vision daraus!

Lösungstipps

- Nehmen wir an, Ihre Zielformulierung wäre es, ein glückliches Familienleben zu genießen. Schmücken Sie diese einfache Formulierung mit Episoden gewünschten Erlebens aus, z.B.: Wo stellen Sie sich das vor, mit wie vielen Kindern, welche Situation sehen Sie unwillkürlich vor sich ... Daraus ergeben sich unmittelbar verschiedene Ziele: Beziehung, Elternschaft, Haus. Auch zunächst verborgene Ziele gehören dazu, z.B. der Beruf, der die finanzielle Basis für Haus, Garten und Familie darstellt.

- Nutzen Sie Ihre in Übung 7 notierten Wünsche und Ihre Zielformulierungen (Übung 10), um Visionen für jeden Bereich Ihres Selbstmanagements zu schaffen.

- Sie können das Entwickeln einer Vision als Mentaltraining betrachten und unterschiedliche Szenarien durchspielen. Entscheiden Sie sich für das Szenario mit dem höchsten Energiegehalt.

Lösung

Visionen erleben Sie immer in der Gegenwart. Ihr Gehirn, das nicht unterscheiden kann, ob die Situation nur vorgestellt oder real ist, erlebt keine Diskrepanz zwischen Selbstbild und Zielbild. Sie umgehen so Akzeptanzprobleme, wie sie beim schriftlichen Formulieren von Zielen auftreten können.

Praxistipp

Einfache Visionen reichen bei Menschen, die den auditiven oder kinästhetischen Wahrnehmungskanal bevorzugen, vielleicht nicht aus. Integrieren Sie dann bewusst Musik oder Stimmen in Ihre Vision oder kombinieren Sie diese mit einer Körperhaltung oder Bewegung – immer dann, wenn Sie sich damit beschäftigen.

Körper

In diesem Kapitel lernen Sie,

- Stress als unterschätzte Blockade zu erkennen,
- Ihren Körper als Partner wahrzunehmen,
- Achtsamkeit für die Botschaften Ihres Körpers zu entwickeln.

Darum geht es in der Praxis

Vielleicht haben Sie sich schon gefragt, was der Körper mit Selbstmanagement zu tun hat. Der Körper ist das Kapital, mit dem wir auf diese Welt kommen, doch wir sind uns seiner in vielen Momenten nicht bewusst – solange er so funktioniert, wie wir es wollen. Oder nehmen Sie, während Sie diese Zeilen lesen, Ihre verspannten Muskeln oder Ihre bandscheibenschädliche Sitzhaltung wahr?

Hier setzt dieses Kapitel an. Es will Ihnen neue Möglichkeiten eröffnen, mit denen Sie die Intelligenz Ihres Körpers nutzen können, um Ihre Ziele zu erreichen und Ihre Visionen Realität werden zu lassen. Nichts zeigt z.B. deutlicher als Stressreaktionen, wie abhängig wir von unserem Körper sind. In einer bedrohlichen Situation, in der früher in Bruchteilen von Sekunden die Entscheidung Flucht oder Kampf getroffen werden musste, sorgte der Stressmechanismus für die Bereitstellung der benötigten Energie – für unsere Vorfahren ein überlebenswichtiger Mechanismus.

Zum Problem wird der Stressmechanismus heute, wenn er psychisch, von Gedanken oder Gefühlen, unliebsamen oder unerfreulichen Situationen ausgelöst wird. Dann nämlich fehlt es an Möglichkeiten, die bereitgestellte Energie abzubauen. Wurde das früher idealerweise durch Bewegung – Kampf oder Flucht – besorgt, so fehlt heute viel zu oft dieses Ventil. Der Stress verbleibt im Körper und erhöht dort die Anspannung. Wie Sie diese Anspannung abbauen können, lernen Sie in den Übungen dieses Kapitels.

Stress: Die unterschätzte Blockade

Stressoren im Bereich Körper
Übung 21
5 min

Machen Sie sich auf den folgenden Seiten bewusst, was Sie stresst. Sie finden für jeden Bereich des Selbstmanagements eine Tabelle, in der bereits einige Stressoren vorgegeben sind. In den Leerzeilen ergänzen Sie eigene Stressoren. Mit den Spalten »Akut« und »Generell« unterscheiden Sie, ob Sie eine kurz- oder langfristige Strategie benötigen.

Stressor	Akut	Generell
Mangelnde Fitness		
Zu wenig Bewegung		
Schlaf (schlecht, zu wenig)		
Krankheit(en)		
Allergie(n)		
Ungesunde Ernährung		
Genussmittel		
Alkohol		

Lösung

Ihr Körper ist das Startkapital für Ihr Leben. Indem Sie ihn annehmen, wie er ist, und seine (und damit Ihre) Bedürfnisse
achten, schaffen Sie die Grundvoraussetzung dafür, dass Sie
Ihr Leben so verwirklichen können, wie Sie es möchten. Das
Selbstregulierungsprogramm Ihres Körpers versucht, das Energielevel konstant bzw. hoch zu halten und Spannungen abzubauen. Dabei hilft dem Körper vor allem Bewegung. Da dies am
Arbeitsplatz nur begrenzt möglich ist, greift man eher zu Kaffee, Zigaretten oder Süßem, sucht das Gespräch mit Kollegen
oder abends die vermeintliche Entspannung vor dem Fernseher.
Machen Sie sich bewusst, dass dies nur Ersatzhandlungen sind.

Praxistipps

Spüren Sie in Ihren Körper hinein, um seine ursprünglichen Bedürfnisse herauszufinden. Versuchen Sie, sie so oft wie möglich
zu befriedigen, z. B. indem Sie

- nach der intensiven Besprechung über die Treppe zurück an
  den Arbeitsplatz gehen.

- bei sitzender Tätigkeit immer wieder Ihre Muskulatur gezielt
  an- und entspannen.

- sich beim Aufstehen strecken, im Stehen telefonieren, sich
  dabei gelegentlich auf die Zehen stellen ...

Bauen Sie viele kleine zusätzliche Bewegungen in Ihren Alltag
ein. Jede Muskelaktivität erhöht die Sauerstoffversorgung im
Gehirn und stärkt Ihre Selbstwahrnehmung.

Stressoren im Bereich Tun
Übung 22
5 min

Stressor	Akut	Generell
Schlechte Arbeitsorganisation		
Voller Schreibtisch		
Mangelnde Absprachen		
Termindruck		
Unklare Ziele		
Sich verzetteln		
Zu viel Verantwortung		
Nicht nein sagen können		

Lösung

Arbeiten Sie unter Druck am besten? Terminhektiker gibt es überall, und meist behaupten sie, dass diese Arbeitsweise keine qualitativen Nachteile hat. Das stimmt jedoch nur, wenn der Termindruck keine physiologische Stressreaktion auslöst. Wenn Ihr Gehirn überflutet wird mit Adrenalin und Noradrenalin, haben Sie eine Denkblockade. Der Stressmechanismus blockiert Lernprozesse und persönliches Wachstum. Er zwingt Sie meist in automatisierte Handlungsroutinen. Kreative Lösungen fallen Ihnen allerdings so nicht ein.

Praxistipps

- Planung ist ein Hilfsmittel, kein Gesetz, und auch Pläne müssen kurzfristig an veränderte Bedingungen angepasst werden. Wenn Sie Abweichungen von Ihrem Tagesplan häufig in Stress versetzen, prüfen Sie Ihre Pläne und Ihre Einstellung dazu. Das Ergebnis der Aufgabe ist wichtiger als die strikte Einhaltung eines Plans. Je nach vorherrschender Zeitorientierung (siehe Übung 4) fällt Ihnen das leicht oder schwer. Machen Sie sich klar: Planung ist gut, flexible Planung ist besser.

- Viele Stressoren im Bereich Tun lassen sich durch Arbeitsmethodik und Zeitmanagement reduzieren. Wenn Sie etwas generell in Stress versetzt, brauchen Sie eine andere Lösung als bei akuter Problemlage. Nehmen Sie das Ergebnis dieser Übung zum Anlass, einmal gründlich nachzudenken: Was können Sie tun, um diesen generellen Stressoren zu begegnen?

Stressoren im Bereich Sein

Übung 23

5 min

Stressor	Akut	Generell
Kein Hobby (oder keine Zeit dafür)		
Fehlende Entspannung		
Keine/wenige Freunde		
Unharmonische Partnerschaft		
Unerfüllte Sexualität		
Unlust		
Energielosigkeit		
Katastrophendenken		

Lösung

Stress in diesem Lebensbereich kann viele verschiedene Ursachen haben:

- Durch die unausgewogene Balance von Tun und Sein kommt vor lauter Arbeit die Familie zu kurz.

- Beziehungsprobleme und Schicksalsschläge sind starke Stressoren, die verarbeitet werden wollen. Vielleicht brauchen Sie Rückzug und Zeit?

- Eine Häufung vieler kleinerer Nackenschläge, die immer wieder den Stressmechanismus auslösen, kann gravierender sein als einzelne Stressspitzen.

Praxistipp

- Ihre eigene Einstellung und Weltsicht kann per se Stress fördern. Prüfen Sie Ihre Erwartungen an sich und andere. Akzeptieren Sie, dass Menschen unterschiedlich denken und handeln und dass Sie das nicht kontrollieren können.

- Eignen Sie sich hilfreiche Glaubenssätze an, z. B.:
  - Was in mein Leben kommt, kann ich bewältigen.

  - Ich vertraue bedingungslos meiner inneren Kraft.

  - Ich bin geduldig und liebenswürdig zu mir selbst.

- Senken Sie den Stress in diesem Lebensbereich, indem Sie überlegen, was Sie wirklich wollen; entwickeln Sie Visionen und achten Sie darauf, ihnen näher zu kommen. Weitere Hinweise finden Sie in den Übungen im nächsten Kapitel zum Thema Sein.

Stressoren im Bereich Sinn

Übung 24

5 min

Stressor	Akut	Generell
Kein Lebensziel		
Unbeantwortete Fragen nach dem Lebenssinn		
Unbewusste persönliche Werte		
Handeln orientiert sich an keinen oder diffusen Werten		
Verschütteter Kontakt zum Selbst		
Noch nicht stark entwickeltes Selbstwertgefühl		
Keine Meinung zu grundsätzlichen Fragen des Lebens		
Kein Lebensziel		

Lösung

Werte sind Maßstäbe, an denen sich das Handeln orientiert. Oft sind es die persönlichen Werte, die Sinn stiften und Kraft geben. Spürbare, sichtbar gelebte Werte und Überzeugungen sind die Basis für eine positive, kongruente Ausstrahlung und natürliche Autorität (z. B. als Führungskraft).

In dieser Form gelebte, aktive Werte können zu positiven Automatismen werden, die Ihnen ohne großes Nachdenken Orientierung geben, da Sie Ihnen in Fleisch und Blut übergegangen sind.

Vorhandene Werte nicht zu leben und diese Diskrepanz bewusst oder unbewusst zu spüren, ist einer der größten Energiefresser und Stressverursacher. Wenn Ihnen wiederum Werte fehlen, müssen Sie sich immer wieder von außen motivieren lassen oder bei Entscheidungen ständig neue Kriterien finden, an denen Sie sich ausrichten. Das ist wenig effizient, ein klassischer Zeitfresser und die Ursache von Stress.

Praxistipps

- Machen Sie sich bewusst, welches Ihre großen Stressoren im Bereich Sinn sind. Bei Bedarf ergänzen Sie die Liste. Wie können Sie diese Risikofaktoren ausschalten?

- Dabei unterstützt Sie das letzte Kapitel des Buches. Indem Sie es durcharbeiten und sich bewusst machen, welche Werte Sie haben, gewinnen Sie Energie und reduzieren die Anzahl Ihrer Stressoren.

Der Körper als Partner

Ins Hier und Jetzt kommen
Übung 25
5 min

Ein Meeting jagt das nächste, Kollegen kommen ständig mit Fragen. Sie haben zu wenig Zeit, den letzten Termin nach- und den nächsten vorzubereiten. Eigentlich sollten Sie über eine wichtige Entscheidung nachdenken, und die Kinder müssen auch noch abgeholt werden … Diese Übung zeigt Ihnen Alternativen, wie Sie solchen stressigen Situationen begegnen können.

- Schalten Sie in der Situation immer wieder auf bewusstes, tiefes Atmen um.

- Ändern Sie die Körperhaltung, wenn Sie in einem Problem feststecken, stehen Sie auf und gehen Sie ein paar Schritte – und wenn es nur in einen anderen Raum ist.

- Nehmen Sie eine aufrechte Haltung ein und entspannen Sie bewusst Ihre Muskeln. Stellen Sie sich vor, Sie würden wie eine Marionette am Scheitel nach oben gezogen – Sie werden sich ganz von selbst aufrichten.

- Schauen Sie ruhig atmend Richtung Horizont, lassen Sie Ihren Blick schweifen. Kommen Sie nur durch Schauen auf das, was ist, zur Ruhe und in die Gegenwart.

- Lernen Sie mit drei Bällen jonglieren, um Haltung und Augen zu entspannen und die Aktivität Ihrer Gehirnhälften zu harmonisieren.

Lösung

Normalerweise reagieren Sie auf Stress mit der Ausschüttung von Hormonen, die Ihren Körper auf Kampf oder Flucht programmieren. Doch dabei verlieren Sie an geistiger Flexibilität und an Problemlösungspotenzial.

Lenken Sie die Energie des Stressmechanismus mit den Übungen um. Indem Sie das regelmäßig tun, werden Sie dank erhöhter Konzentration, Aufmerksamkeit und Wachheit zum »Wellenreiter«. Ihr Körper wird voller Energie sein, die Muskeln entspannen sich oder arbeiten, die Atmung wird ruhig und tief, Ihre Wahrnehmung ist auf die Gegenwart fokussiert. Sie nutzen die Energie des Stressmechanismus, ohne in eine Denkblockade zu geraten, und reiten die Welle Richtung Erfolg.

Praxistipps

- Die Alternativreaktion müssen Sie trainieren, damit sie ebenso automatisiert ablaufen kann wie die traditionelle physiologische Stressreaktion. Nutzen Sie Ihren Körper, um in die Gegenwart zu kommen, und wenden Sie die Übungen regelmäßig am Arbeitsplatz und in belastenden Situationen an.

- Nehmen Sie den Tipp mit der Balljonglage wörtlich. Jonglieren Sie nicht mit Tüchern, auch wenn es ein leichter Einstieg ins Jonglieren zu sein scheint. Tuchjonglage ist mit der Jonglage mit drei Bällen nicht zu vergleichen und hat deutlich weniger positive Effekte.

Körperbewusst leben

Übung 26

5 min

Machen Sie einmal die Probe aufs Exempel: Halten Sie sich für selbstbewusst? Drückt das Ihre Haltung aus?

1. Stellen Sie sich am besten vor einen Spiegel, in dem Sie sich vom Scheitel bis zur Sohle sehen können.

2. Nehmen Sie nun eine schlaffe, vielleicht sogar ein wenig gebückte Haltung ein, lassen Sie die Schultern hängen, senken Sie den Blick und sagen Sie laut: »Ich bin selbstbewusst und erfolgreich.« Nehmen Sie sich das ab?

3. Richten Sie sich nun auf, sehen Sie ein imaginäres Gegenüber direkt an und wiederholen Sie den Satz.

Wie ist das Ergebnis? Hat sich etwas verändert? Wie kommen Sie nun bei sich selbst an?

Lösung

Mit gesenktem Blick und schlaffer Haltung können Sie niemanden davon überzeugen, dass Sie erfolgreich sind. Zwar werden Sie von dem Befehl »Brust raus, Kopf hoch« allein auch noch kein selbstbewusster Mensch, aber Sie geben sich und der Umwelt ein Signal: »Ich bin präsent!« An der veränderten Reaktion der anderen werden Sie merken, wie positiv Sie ankommen. Und das wiederum gibt Ihnen die nötige Bestätigung, um die äußere Haltung mit der Zeit auch zu verinnerlichen.

Praxistipps

- Sensibilisieren Sie sich für die Wechselwirkungen zwischen Denken, Fühlen und Handeln. Probieren Sie neue Körperhaltungen und Rahmenbedingungen aus:
  - Lernen Sie Körpersignalen vertrauen: z. B. dem »Grummeln« im Bauch bei einem Geschäftsabschluss oder dem Energiekick bei der souveränen Lösung einer Aufgabe.
  - Wenn Sie mit einem Problem nicht weiterkommen, verändern Sie Ihre Haltung, verschaffen Sie sich Bewegung, atmen Sie tief durch.
  - Tauschen Sie bei kurzen Meetings die normalen Tische gegen Bistrotische aus und machen Sie eine »Stehung« statt eine Sitzung. So werden Sie zu einer anderen Haltung gezwungen sein.

- Im Bereich der Körpertherapien gibt es viele Ansätze, mit denen Sie Ihre Körperwahrnehmung verbessern können. Versuchen Sie es doch einmal mit
  - Focusing: schult die Körperwahrnehmung und bietet einen Zugang zu unbewussten, jedoch im Körper präsenten vergangenen Erfahrungen und Gefühlen.
  - Alexander-Technik: lehrt den anatomisch richtigen »Gebrauch« des Körpers.
  - Rolfing: balanciert Ihre Körperstruktur aus.
  - Feldenkrais: macht durch minimale, einfache Bewegungen die Zusammenhänge von Bewegung, Fühlen und Wahrnehmen bewusst.

Frieden schließen mit dem Körper

Übung 27

5 min

Haben Sie manchmal das Gefühl, dass Sie Krieg führen mit Ihrem Körper? Dass er manchmal etwas anderes will als Sie? Stellen Sie sich eine Situation vor, die negative Gefühle in Ihnen auslöst. Als Beispiel: Sie haben schon zwei Tage an einer kniffligen Aufgabe gesessen und glauben nun, auf dem richtigen Weg zu sein. Da kommt Ihr Vorgesetzter und ändert einige entscheidende Parameter ab. Die bisherige Arbeit war für die Katz. Und außerdem merkt er an, dass Ihr Kollege schon viel weiter sei …

1. Atmen und beobachten Sie, was in Ihrem Körper passiert, welche Gefühle auftauchen. Lassen Sie einen Teil Ihres Bewusstseins bei Ihrer Atmung. Sie ist Ihr Anker auf dieser Entdeckungsreise.

2. Was tun Sie normalerweise in einer solchen Situation? Womit lenken Sie sich ab, um das negative Gefühl (hier Frustration) nicht spüren zu müssen?

3. Lassen Sie das Gefühl, dem Sie am liebsten ausweichen würden, nach oben kommen; beobachten und benennen Sie es, aber identifizieren Sie sich nicht damit. Nehmen Sie es nur wahr, ohne es zu bewerten.

4. Fragen Sie sich, was dieses Gefühl braucht. Meist sind dies Werte wie Anerkennung, Erlaubnis, Mitgefühl, Achtung u. Ä. Geben Sie gedanklich, symbolisch oder tatsächlich dem Gefühl das, was es braucht.

Lösung

Immer, wenn Sie Körperbedürfnisse ignorieren, wenn Sie mit Ersatzreaktionen wie Genussmitteln oder Ablenkungen auf einen körperlichen Impuls antworten, führen Sie Krieg mit oder in Ihrem Körper. Hauptursache für diese Gefechte sind Emotionen: Gefühle, die Sie wahrnehmen, aber nicht spüren wollen. Schauplatz ist Ihr Körper, doch die Lösung lautet: Öffnen Sie Ihr Herz für Ihre Gefühle.

Können Sie in verschiedenen negativen Situationen wiederkehrende Reaktionen bei sich entdecken? Was tun Sie in solch einem Fall? Welche Genussmittel oder Ablenkungen bevorzugen Sie, wenn Sie etwas nicht spüren wollen? So verständlich dieses Verhalten ist, es bringt Sie weder in Ihrer Persönlichkeit noch in Ihrem Selbstmanagement weiter.

Praxistipps

- Sie verringern den Quotienten der Erfolgsformel (Übung 3), indem Sie diese Gefühle annehmen und integrieren, ohne sie intensiv zu durchleben.

- Seien Sie gut zu sich selbst. Nehmen Sie sich eine kurze Auszeit entweder unmittelbar nach der Situation oder später, um dem Gefühl nachzuspüren.

- Vielleicht müssen Sie aber auch Druck ablassen: Gehen Sie in die Natur und schreien Sie Ihren Frust hinaus oder kaufen Sie sich einen Punchingball oder ein festes Kissen zum Durchprügeln.

Sein

In diesem Kapitel erkennen Sie

- welche Bedeutung soziale Kontakte für Ihr Selbstmanagement haben,

- in welchen Bereichen Ihre Energiequellen und Energiefresser liegen,

- wie Sie Ihr Leben unter ein allgemeines Motto stellen können.

Darum geht es in der Praxis

Während es im Kapitel »Tun« vor allem um Handeln, um Tatkraft, um Fähigkeiten und das Erreichen von Zielen ging, öffnet das Kapitel »Sein« den Blick für das Leben als Ganzes. Kaum jemand lebt für sich allein. In welche Beziehungsgeflechte und Netzwerke sind Sie selbst eingebunden? Aus welchen Bereichen ziehen Sie Lebensfreude und -kraft? Wo verstecken sich Ihre Energiefresser, die »schwarzen Löcher« Ihres sozialen Lebens?

Das Kapitel Sein unterstützt Sie beim Blick auf Ihr Umfeld, bei der Orientierung innerhalb Ihres Umfeldes. Neben der Bestandsaufnahme bietet es Anregungen zur Orientierung und Ausrichtung innerhalb Ihres Umfeldes.

Natürlich kann die Betrachtung des »Seins« nicht nur nach außen gerichtet erfolgen. Gerade die Beziehung zu Ihnen selbst bestimmt in hohem Maße die Qualität Ihrer Beziehungen zu anderen Menschen. Daher richtet dieses Kapitel auch den Blick nach Innen, fragt allgemein nach der Basis Ihrer Lebensgestaltung, z. B. welche Talente Sie an sich entdecken, welche Rolle Vorbilder oder Mentoren in Ihrem Leben spielen, was Sie gegen die Routine des Alltags tun, oder wie viel Glück Sie bereit sind auszuhalten. Damit kann eine Auseinandersetzung mit Ihrem inneren Dialog, der letztlich Ihre Überzeugungen über Sie selbst widerspiegelt, beginnen. Sie erhalten Anregungen wie Sie Ihren inneren Dialog positiv gestalten, sich selbst ausrichten und Ihre Energie steigern können.

Eine Bestandsaufnahme machen

Die Rollen in Ihrem Leben
Übung 28
10 min

Sie sind eingebunden in berufliche, familiäre und soziale Beziehungsgeflechte. Manches ist frei gewählt, anderes hat sich entwickelt oder Sie wurden hineingeboren. Grob kann man unterscheiden zwischen folgenden Rollen:

- **Private Rollen:** z.B. Vater oder Mutter, Tochter oder Sohn, Opa oder Oma, Ehe- oder Lebenspartner, Geliebte oder Geliebter, Freund oder Freundin.

- **Berufliche Rollen:** z.B. Berufsbezeichnung, Hierarchiestufe, Funktionsträger (Vertrauensfrau, Sicherheitsbeauftragter), Vorgesetzter, Führungskraft, Kollege, Vermieter, Unternehmer.

- **Soziale Rollen:** z.B. in Vereinen, Kirchengemeinden, sozialen oder karitativen Organisationen, aber auch als Nachbar, Mitbewohner, Mieter.

- **Persönliche Rollen:** Rollen, die aus Ihrem Selbstbild oder Ich kommen, die aufgrund gesellschaftlicher Konventionen angenommen wurden oder in die Sie hineingewachsen sind: z.B. Frauenheld, süße Maus, cooler Typ, erfolgreiche Geschäftsfrau, Außenseiter, Klassenprimus, Rebell, Opfer.

Machen Sie sich klar, welches die wesentlichen Rollen sind, die Sie auf der Bühne Ihres Lebens spielen, und tragen Sie sie auf der nächsten Seite ein.

Meine privaten Rollen:

_____

_____

_____

_____

Meine beruflichen Rollen:

_____

_____

_____

_____

Meine sozialen Rollen:

_____

_____

_____

_____

Meine persönlichen Rollen:

_____

_____

_____

_____

Ihre Rollen bewerten
Übung 29
10 min

Sich der eigenen Rollen bewusst zu werden ist nur der Anfang. Für Ihr Selbstmanagement und die Entwicklung Ihres Potenzials ist eine Bewertung einzelner Rollen interessant. Dafür bieten sich verschiedene Kriterien an, die in der Tabelle durch Symbole ausgedrückt sind. Indem Sie die Symbole mit einem bis drei Pluszeichen (+) oder Minuszeichen (-) markieren, drücken Sie die Bedeutung des einzelnen Parameters für die jeweilige Rolle aus.

☼	Ihr Wohlfühlfaktor in einzelnen Rollen
⇧⇩	Energiebilanz: investierte Ressourcen (z.B. Zeit, Geld) und deren Rückfluss;
	Pfeil nach oben = Input,
	Pfeil nach unten = Output
⌚	Zeitanteil in einzelnen Rollen.

Private Rollen (z. B. Mutter)	☼ ☼	⇧⇩	⌚

Berufliche Rollen (z. B. Kollege)	☼ ☼	⇧⇩	⌚

Soziale Rollen (z. B. Mitbewohner)	○○	⇧⇩	○
Persönliche Rollen (z. B. Rebell)	○○	⇧⇩	○

Lösung

Neben der rein optischen Übersicht über Ihre Rollen aus Übung 28 kann Ihnen ihre Analyse und Bewertung erste Impulse zu einer Neuausrichtung geben:

- Ist es für Sie in Ordnung oder sollten Sie etwas daran verändern? Fühlen Sie sich wohl in Ihren Rollen oder sind Sie ihnen bereits entwachsen? Entscheiden Sie, in welchen Rollen Sie (neue) Schwerpunkte setzen möchten. Definieren Sie Ihre Schlüsselrollen für Ihr Leben oder die derzeitige Lebensphase.

- Sind Sie zufrieden mit der Zeit, die Sie mit den einzelnen Rollen verbringen, oder möchten Sie etwas umschichten? Verbringen Sie die meiste Zeit in Rollen, die Ihnen wichtig sind? Oder sind manche Rollen einfach dadurch wichtig, dass Sie viel Energie daraus ziehen?

- Je mehr Sie Ihre Stärken (aus)leben, desto leichter wird das Leben und desto erfolgreicher können Sie sein. Liegen Ihre

Schwerpunkte auf Rollen, die einen hohen »Stärkenanteil« haben?

- Finden Sie die »Einstellungen« Ihrer Rollen heraus: Für jede Rolle gibt es bestimmte Kleidung und Requisiten, Körperhaltung, Mimik und Gestik, Sprache (Wortwahl, Klang, Artikulation) sowie Drehbuchvorgaben für die Akteure wie »geistreich«, »einfältig«, »aktiv«, »hilflos«.

Praxistipps
Ein erfülltes Leben bedarf einer ausgeglichenen Energiebilanz. Wenn Sie in viele Lebensrollen Energie investieren, ohne einen entsprechenden Rückfluss zu erhalten, laugen Sie sich auf Dauer aus:

- Prüfen Sie jede Rolle daraufhin, ob Ihr Verhalten, Ihre Einstellung oder Ihre Empfindungen dazu passen.

- Ergänzen Sie Ihre Rollen durch eine Rollenbeschreibung. Spüren Sie nach, ob und wie sich je nach Rolle Ihre Körperhaltung und -spannung verändert.

- Welche Handlungsspielräume haben einzelne Rollen? Womit fühlen Sie sich wohl? Wo erreichen Sie Ihre Grenzen oder die der Rolle?

- Notieren Sie auf einem Extrablatt Ihre Stärken, die in der jeweiligen Rolle gefordert oder gefördert werden.

- Wenn Sie ein Notizbuch angelegt haben, können Sie auch in einer Mind Map alle Rollen und Bewertungen mit den damit verbundenen Gedanken sammeln.

Das Netz Ihrer Beziehungen
Übung 30
20 min

In dieser Übung blicken Sie nun nicht mehr auf sich, sondern auf die Menschen in Ihrem Umfeld. Auf der folgenden Seite haben Sie Platz, Ihr Beziehungsnetz abzubilden.

1. Tragen Sie Ihren Namen in der Mitte der Wolke ein. Malen Sie für jeden Ihnen wichtigen Menschen einen Kreis und notieren Sie darin dessen Namen.

   – Allein durch den Abstand, den die Kreise von Ihnen als Mittelpunkt haben, können Sie Ihre Nähe zu den einzelnen Beziehungspersonen und damit oft auch schon deren Bedeutung ausdrücken.

   – Wenn Sie die Kreise in verschiedenen Farben anlegen, können Sie die einzelnen Lebensbereiche (privat, geschäftlich, Familie), über die Sie mit den Menschen verbunden sind, in gleicher Farbe darstellen.

2. Nun bewerten Sie jeden Kontakt mit kleinen Symbolen, so wie in der Tabelle Ihre Rollen. Mögliche Kriterien wären wie dort: die miteinander verbrachte Zeit, Ihr Wohlfühlfaktor in der Beziehung, Ihre Energiebilanz: investierte Ressourcen (z.B. Zeit, Gefühle) und Rückfluss (z.B. Freude, Unterstützung).

Praxistipps

- Lassen Sie das entstandene Bild auf sich wirken. Ist es für Sie »rund«? Sind Sie zufrieden mit dem, was Sie sehen? Erkennen Sie Bereiche und Kontakte, an denen Sie arbeiten wollen, oder kann alles beim Alten bleiben?

- Machen Sie aus Ihren Bewertungen keine betriebswirtschaftliche Erhebung! Erwarten Sie nicht, dass die Unterstützung, die Sie z. B. einem Kollegen zukommen lassen, sofort von diesem an Sie »zurückgezahlt« wird. Betrachten Sie Ihren Input eher als Energieeinspeisung ins Leben, aus dem letztlich auch Ihr Rückfluss kommt – nur vielleicht von einer ganz anderen Seite. Ein Trainerkollege hat einmal die Umsätze verglichen, die er durch Kollegenempfehlungen tätigen konnte, mit denjenigen, die Kollegen durch seine Empfehlung tätigten. Die beiden Beträge waren etwa gleich hoch. Dabei waren die Empfehlenden und die Empfohlenen völlig verschiedene Personen!

- Entwickeln Sie Zukunftsperspektiven:
  - Welche Beziehungen will ich weiterhin pflegen, welche intensivieren, welche loslassen?
  - Bin ich generell mit der Qualität und Quantität meiner Beziehungen zufrieden? Was möchte ich ändern?
  - Ist irgendwo ein Ungleichgewicht zu erkennen? Investiere ich zu viel und bekomme zu wenig zurück?
  - In welchem Bereich habe ich vielleicht zu wenige Beziehungen? Wie kann ich daran etwas ändern?

Perspektiven entwickeln

Übung 31

20 min

Was wünschen Sie sich für die Zukunft? Wie möchten Sie in zehn, zwanzig oder dreißig Jahren leben? Welche Wünsche sollen sich bis dahin erfüllt haben?

2030

_____

_____

_____

2040

_____

_____

_____

2050

_____

_____

_____

2060

_____

_____

_____

Lösung

In Übung 7 wurden schon einmal Ihre Wünsche abgefragt. Hier liegt nun der Fokus auf einer zeitlichen Perspektive: Sie können sich durch die Jahrzehnte träumen.

Das Leben lässt sich natürlich nicht festlegen und auf Jahrzehnte im Voraus planen. Glückliche Zufälle können es ebenso von einem Moment zum anderen verändern wie schreckliche Schicksalsschläge. Eine gewisse »gesunde Blindheit« vor möglichen Schicksalsschlägen gehört ebenso zum Leben des Menschen wie eine gewisse Risikounterschätzung: »So etwas passiert mir doch nicht!«

Dennoch ist es sinnvoll, Perspektiven für die Zukunft zu entwickeln. Würde man sich ständig damit aufhalten, was passieren könnte – man wäre handlungsunfähig und würde sich nicht einmal mehr auf die Straße wagen, weil einem ja der berühmte Ziegelstein auf den Kopf fallen könnte.

Praxistipps

- Die Beschäftigung mit der Zukunft soll Ideen zutage fördern. Diese Übung möchte Ihnen die Augen öffnen für Ihr Potenzial, damit Sie aus der Fülle von Möglichkeiten diejenigen herausfinden, die am besten zu Ihnen passen und die Ihnen am wertvollsten erscheinen. Lassen Sie sich auf Ihre Ziele und Visionen ein und unternehmen Sie erste Schritte, um sie zu erreichen.

- Übertragen Sie Ihre Wünsche aus Übung 7, die Sie dort ohne Zeitkriterien aufgeführt haben, nun in die passende Zeitperiode.

Talente, Hobbys und Neigungen
Übung 32
10 min

Um Ihre Visionen realisieren zu können, sollten Sie sich Ihre Stärken bewusst machen, die Sie dabei unterstützen können. Vervollständigen Sie spontan die folgenden Sätze.

Mir fällt leicht:

_____

_____

_____

Mir bereitet Freude:

_____

_____

_____

Das tue ich, ohne eine Gegenleistung zu erwarten:

_____

_____

_____

Darum werde ich oft von anderen gebeten:

_____

_____

_____

Lösung

Oft achtet man das, was einem leichtfällt, gering und weiß es nicht zu schätzen: »Das ist doch nichts Besonderes, ich kann es eben.« Tätigkeiten oder Fähigkeiten, die Ihnen leichtfallen, sind meist im Bereich persönlicher Stärken angesiedelt.

Bereits bei der Bewertung Ihrer Rollen wurde darauf hingewiesen, dass großer Erfolg nur im Bereich persönlicher Stärken möglich ist. Lernprozesse laufen schneller ab, Sie können rascher als andere ein klares Profil und größeres Knowhow aufbauen. Ihre Motivation steigt, da Sie mehr Erfolgserlebnisse verzeichnen, was gleichzeitig auch Ihr Selbstwertgefühl stärkt. Sie merken: Eine Erfolgsspirale zeichnet sich ab. Beachten Sie ab sofort diese Dinge genauer.

Praxistipps

- Weitere Hinweise auf Ihre Stärken finden Sie in Ihren Hobbys, bei Themen, Dingen oder Beschäftigungen, die Sie seit langem pflegen oder die Sie schon viele Jahre lang begleiten.

- Selbst Frustrationen und Widerstände können wichtige Anhaltspunkte liefern: Da die meisten Menschen frustriert sind, wenn sie ihre Stärken nicht leben können, erlauben auch Frustsituationen aussagekräftige Rückschlüsse. Hinterfragen Sie sie unter diesem Gesichtspunkt.

Schwächen
Übung 33
10 min

Sie kennen nun Ihre Stärken. Und wie steht es mit den sogenannten Schwächen? Eine Schwäche ist nicht, wie oft behauptet, das Gegenteil von Stärke, sondern vielmehr eine übertriebene Stärke. Stärken, die Sie »überdrehen« und ohne Blick für die Situation einsetzen, werden zur Schwäche. Machen Sie ein kleines Brainstorming: Welche Stärken übertreiben Sie manchmal? Was könnten Sie dagegen tun?

Ein Beispiel: Der sorgfältig arbeitende Kollege lässt vor lauter Gewissenhaftigkeit alle Termine platzen und wird mit seiner Arbeit nicht fertig. Seine Pedanterie hält den ganzen Betrieb auf. Die Lösung: Er sollte erkennen, dass die Stärke Genauigkeit kein Naturgesetz ist und nicht alle Arbeitsergebnisse perfekt sein müssen. Das Ziel wäre, die Stärke der Situation anzupassen und zielorientiert einzusetzen.

Meine »Schwächen« im Bereich Tun:

_____

_____

Das kann ich dagegen tun:

_____

_____

Meine »Schwächen« im Bereich Körper:

_____

_____

Das kann ich dagegen tun:
_____
_____

Meine »Schwächen« im Bereich Sein:
_____
_____

Das kann ich dagegen tun:
_____
_____

Meine »Schwächen« im Bereich Sinn:
_____
_____

Das kann ich dagegen tun:
_____
_____

Praxistipp

Der Gegensatz einer persönlichen Stärke ist eine Begrenzung: etwas, das Sie noch nicht können oder wissen. Diesen »Mangel« können Sie durch Lernen ausgleichen. Dafür ist Ihr Gehirn optimiert. Allerdings müssen Sie manchmal auch Begrenzungen akzeptieren lernen, weil sie unabänderlich sind.

Unterstützung in Ihrem Sein

Intuition

Übung 34

5 min

An Heiligabend wollte ich eine Lichterkette für den Christbaum kaufen. Zuerst hatte ich den Impuls, zu dem kleinen Elektrogeschäft im Dorf zu fahren, beschloss aber doch, in die nächste Stadt zu fahren, da ich dort doch viel wahrscheinlicher das Gesuchte bekommen würde. Zwei Stunden und fünf Geschäfte später (in denen die Lichterkette ausverkauft war) stand ich im kleinen Dorfladen und kaufte die Lichterkette!

Nutzen Sie die Eingebungen Ihrer Intuition. Wenn Ihre Ziele in Ihnen präsent sind und Ihre Mission in Ihnen wirkt, werden Sie plötzliche Impulse haben, die Sie eher ans Ziel bringen.

1. Suchen Sie nach Situationen in der Vergangenheit, in denen Sie inneren Impulsen folgten, und Situationen, in denen Sie sich gegen Ihre Intuition entschieden. Mit jeweils welchem Ergebnis?

   _____

   _____

   _____

   _____

   _____

   _____

2. Wie haben Sie Ihre Intuition wahrgenommen? War es eher ein Gefühl? Eine innere Stimme? Eine Art körperlicher Anziehung (»Da muss ich hin«)? War es Ihr unbewusster Wahrnehmungskanal?

_____

_____

_____

_____

Lösung

Ihr Leben, Ihre Ideen, Wünsche und Ziele, Ihre Persönlichkeit entfalten sich erst in der Zeit. Niemand kann wissen, wohin ein Weg letztlich führt. Es ist, als ob Sie eine Pergamentrolle eines antiken Textes lesen. Eine solche Rolle lässt sich, wie das Leben, nur langsam entrollen und Sie müssen kontinuierlich lesen und leben. Dabei kann niemand wissen wie der Text der Rolle, wie das Leben endet. Was jedoch immer wieder zu beobachten ist, sind die vielen »glücklichen« Zufälle, die passieren, wenn man sich einmal für einen Weg entschieden hat. Auch hier scheinen Selbstorganisationsprozesse abzulaufen, von denen noch die Rede sein wird. Diese »Zufälle« sind nicht vorhersehbar, daher können Sie sie auch nie als Handlungsintention in einer »smarten« Zielformulierung erfassen. Emotionalisierte Ziele, Visionen und Missionen sind konkret und unscharf genug, um diese »glücklichen Zufälle« zu nutzen. Wenn Sie Ihrer Intuition folgen, kommen Sie Ihrem Selbst und Ihren Zielen oft schneller näher als mit reiner Verstandestätigkeit.

Vorbilder und Mentoren
Übung 35
10 min

Eine effiziente Methode zu lernen ist, Menschen nachzuahmen, die schon können oder leben, was Sie anstreben. Erstellen Sie auf der nächsten Seite eine Liste (oder zeichnen Sie eine Mind Map): Welche Fähigkeiten oder Verhaltensweisen würden Sie gern selbst entwickeln? Für welche Ziele bedarf es noch bestimmter Soft Skills? Welchen Personen eifern Sie nach?

- Vorbilder sind Menschen, die mit ihrer ganzen Person oder einzelnen Fähigkeiten als Orientierung dienen. Vorbilder können lebende Personen, aber auch bereits verstorbene, berühmte oder bekannte Persönlichkeiten sein.

- Mentoren wiederum sind Menschen, die Ihnen ganz konkrete Ratschläge erteilen, Ihnen unter die Arme greifen, Sie praktisch fördern.

- Da man an anderen oft Fähigkeiten oder persönliche Eigenschaften bewundert, die man an sich selbst vermisst, ist es sinnvoll, das Thema bewusst anzugehen. Sehen Sie auch Ihre Wunschliste (Übung 7) nach Fähigkeiten oder Verhaltensweisen durch.

- Suchen Sie sich zu jedem Punkt in der ersten Spalte Menschen, die das Gewünschte bereits haben oder leben. Notieren Sie diese in der mittleren Spalte. In der rechten Spalte halten Sie Maßnahmen fest, mit denen Sie dem gewünschten Verhalten näherkommen.

Fähigkeit/Eigen-schaft/Verhalten	Vorbild/Mentor	Maßnahmen

Lösung

Eine Beispiellösung könnte so aussehen: Für viele Menschen ist es eine große Herausforderung, vor anderen frei zu sprechen. Um dies mit weniger Stress zu tun, könnten Sie sich zum Ziel setzen, die eigenen Fähigkeiten als Redner zu verbessern. Geeignete Maßnahmen wären dann:

- Sehen Sie sich Aufzeichnungen berühmter Redner an, hören Sie sich ihre Reden an. Nehmen Sie sich einen beeindrucken-den Redner zum Vorbild. Achten Sie auf seine Stilmittel, Gestik, Mimik, Tonfall und Körperhaltung und versuchen Sie, all dies selbst umzusetzen.

- Melden Sie sich in einem Rhetorikclub an (z. B. Toastmasters), um mit und vor Gleichgesinnten Reden halten zu lernen und eventuell einen Mentor zu finden, der Sie unter Ihre Fittiche nimmt.

- Natürlich sollte es aber nicht darauf hinauslaufen, dass Sie Ihre Vorbilder und Mentoren eins zu eins kopieren. Jeder Mensch hat schließlich seine eigene Art, mit den Dingen umzugehen – auch Sie. Ein übergeordnetes Ziel sollte daher sein, Ihren ganz persönlichen Redestil zu finden und im Laufe der Zeit zu verfeinern.

Praxistipp

Erstellen Sie eine Collage mit Bildern Ihrer Vorbilder und Mentoren. In herausfordernden Situationen oder Krisen setzen Sie sich davor und überlegen ganz konkret: »Wie hätte mein Vorbild reagiert? Was ist für mich in meiner Situation angemessen?«

Den Autopiloten ausschalten

Der Schlüssel gegen Monotonie und Routine
Übung 36
5 min

Erinnern Sie sich noch an Ihre erste Fahrstunde? Ganz schön kompliziert, zugleich Kupplung, Gas, Schaltung, Verkehrszeichen und den Verkehr zu bewältigen! Und heute? Alles längst Routine! »Nebenbei« unterhalten Sie sich auch noch und hören Musik oder ein Hörbuch. Es ist, als hätten Sie auf Autopilot gestellt. So verhalten Sie sich auch in vielen anderen Lebensbereichen.

Kommen Sie diesen Autopilothandlungen in Ihrem täglichen Leben auf die Spur und versuchen Sie, folgende Fragen zu beantworten:

Welche Augenfarbe hat Ihre jüngste Kollegin?

_____

Beschreiben Sie das Lieblingskuscheltier Ihres Kindes.

_____

Ohne nachzuschauen: Welche Unterwäsche tragen Sie heute?

_____

An wie vielen Ampeln mussten Sie auf dem Weg zur Arbeit heute Morgen anhalten?

_____

Welche Kleidung trug Ihr Partner bzw. Ihre Partnerin gestern Abend, als Sie sich nach der Arbeit zu Hause trafen?

_____

_____

Beschreiben Sie die Bar oder Theke Ihres Lieblingsrestaurants

_____

_____

Lösung

Konnten Sie mehr als drei Fragen beantworten bzw. Aufgaben lösen? Das wäre ein hervorragendes Ergebnis. Denn den Alltag bewältigen wir oft durch automatisierte Handlungen, die wir nicht (mehr) bewusst wahrnehmen, sodass wir uns manchmal nicht einmal mehr daran erinnern, sie erledigt zu haben.

Dahinter steht eine kluge Überlebensstrategie des Gehirns. Das Gehirn verbraucht nämlich bei bewusstem Denken ungefähr 20 Prozent des Zuckers und Sauerstoffs im Organismus und operiert damit sozusagen ständig an der Grenze zur Bewusstlosigkeit. Daher ist es bestrebt, so viele Handlungen wie möglich zu automatisieren, um Energie zu sparen. Auch die Informationsflut unserer Wahrnehmungssinne würde die Kapazität und die Energie des Gehirns überfordern. Daher wird das bewusste Denken nur bei neuen Situationen oder Abweichungen von Bekanntem aktiviert.

Praxistipps

- Was für das Gehirn praktisch und sinnvoll ist, kann jedoch der Lebensqualität abträglich sein, da die Aufmerksamkeit reduziert und der Mensch nicht voll gegenwärtig ist. Schalten Sie den Autopiloten aus, indem Sie Altes wieder bewusst wahrnehmen (= neu wahrnehmen) oder neue Wege einschlagen (z. B. bei der Fahrt zur Arbeit).

- Oder schaffen Sie zusätzliche bewusste Momente, indem Sie das Anschalten der Wahrnehmung mit regelmäßigen Handlungen (z. B. aus der Tür gehen) verknüpfen oder den Stundenalarm Ihrer Armbanduhr aktivieren (sofern vorhanden).

- Solche bewussten Momente können Sie sehr einfach und überall schaffen, indem Sie Ihre Aufmerksamkeit auf Ihre Atmung oder Ihren Herzschlag richten. Sofort ist Ihre Aufmerksamkeit in der Gegenwart. Davon ausgehend können Sie diese neu gewonnene Aufmerksamkeit auf andere Dinge oder Ihre Aufgaben richten. Natürlich lässt sich dies auch mit anderen Handlungen verbinden, z. B. vor dem Abheben des Telefonhörers erst zweimal tief durchatmen – das erhöht die Präsenz, vermindert den Stress und Sie sind bereit für das Telefonat.

- Andererseits ist das Ausschalten des Autopiloten nur eine Seite des Themas. Mit den Übungen zur emotionalen oder metaphorischen Zielformulierung (Übungen 12, 13) wollen wir diese Überlebensfunktion für die eigenen Ziele einsetzen. Die eigenen Ziele so in »das System« zu bringen, dass der Autopilot sie ansteuert, ist eine der effizientesten Zielerreichungsstrategien.

Die Wahrnehmung schärfen

Übung 37

70 x 10 sec

Beugen Sie dem Autopiloten vor, indem Sie Ihre Wahrnehmung schärfen. Aktivieren Sie so oft wie möglich so viele Sinne wie möglich! Der Gedanke hinter der Zeitangabe dieser Übung ist, diese Haltung in den Alltag zu integrieren: mindestens zehn Mal täglich (à 10 Sekunden) über eine Woche hinweg.

- Fragen Sie sich, wenn Sie aus dem Haus treten: Wie riecht es heute draußen? Liegt Tau auf den Sträuchern? Singt ein Vogel? Sind Sterne am Himmel zu sehen? Ist es kalt, mild oder warm?

- Beachten Sie die Menschen um Sie herum. Nutzen Sie Wartezeiten im Straßenverkehr oder an der Kasse im Supermarkt. Reagieren Sie nicht gelangweilt oder gestresst, sondern registrieren Sie wach und aufmerksam die Haltung, den Gang der Leute. Wie würden Sie sich in dieser Haltung fühlen? Welches Gefühl könnten die Stimmen einer Unterhaltung ausdrücken, die Sie mitbekommen, ohne das Gesprochene zu verstehen? Was der Blick des Fahrers im Nachbarauto an der Ampel? Entdecken Sie die individuelle Schönheit jedes Gesichts und blicken Sie nicht nur auf das, was Sie sehen, sondern auch auf das, was sich dahinter verbergen könnte.

- Schmecken und riechen Sie Ihre Mahlzeiten. Legen Sie die Zeitung in der Mittagspause zur Seite und konzentrieren Sie sich ganz auf das Essen.

Lösung

Waren die Tage, an denen Sie diese Übung durchgeführt haben, nicht interessanter? Denken Sie an das, was Sie wahrgenommen haben und was Ihnen sonst entgangen wäre. Hatten Sie nicht auch das Gefühl, wacher zu sein? Näher am Fluss des Lebens oder sogar mittendrin?

Für die Navigation durchs Leben erstellen wir Landkarten, die Orientierung bieten und Entscheidungen vereinfachen. Karten, die Aussagen treffen: wie Sie selbst sind, wie die anderen sind, wie das Leben ist und was man von ihm erwarten kann. Aber: Die Landkarte ist nicht die Landschaft. Dadurch stellt sich die berechtigte Frage, z.B. in schwierigen Situationen: »Habe ich auf die Landkarte reagiert oder auf die Landschaft?«

Praxistipp

Wann haben Sie das letzte Mal einem nahe stehenden Menschen vorgeworfen, dass er oder sie eine bestimmte Sache doch immer mochte, aber gerade jetzt nicht? In diesem Moment haben Sie die Landkarte mit der Landschaft verglichen und festgestellt: »Die Landschaft weigert sich, so zu sein wie meine Landkarte!« Geben Sie den Menschen eine Chance! Wie würden sich Beziehungen oder Partnerschaften verändern, wenn Sie davon ausgehen würden, Sie begegnetem dem anderen jedes Mal als einem neuen Menschen? Einem Menschen, den Sie immer wieder neu kennenlernen wollen, der Ihnen nie vollkommen bekannt ist. Und der Sie immer wieder neu faszinieren und überraschen darf.

Energieschub gefällig?
Übung 38
5 min

Sie stehen vor beruflich wichtigen Entscheidungen oder müssen Ihren ersten Vortrag vor hundert Personen halten? Sie haben ein schwieriges Projekt zu leiten oder eine private Krise durchzustehen? Das heißt, Sie stehen vor einer roten Linie und müssen diese Linie überschreiten, doch Sie wissen nicht wie und haben auch sonst einige (berechtigte) Zweifel!

Vor welcher roten Linie, welchen Herausforderungen stehen Sie gerade? Wofür werden Sie in naher Zukunft mehr Energie, Selbstsicherheit oder Vertrauen brauchen?

_____
_____
_____
_____

Wo könnten Sie die rote Linie überschreiten? Zu welcher außer- oder ungewöhnlichen Aktion wären Sie bereit, um sich die Energie zu holen, die Sie weiterbringt?

_____
_____
_____
_____

Praxistipps

- Energie für große Herausforderungen machen Sie verfügbar, indem Sie durch außergewöhnliche Erfahrungen Grenzen überschreiten. Buchen Sie ein Seminar in einem Hochseilgarten, gehen Sie zum Fallschirmspringen oder wagen Sie einen Feuerlauf. Entscheiden Sie sich bewusst für einen Event, an den Sie sich immer wieder positiv erinnern können. Anschließend transferieren Sie die Energie, die die Grenzüberschreitung freigesetzt hat, auf Ihre Herausforderung.

- Wenn Ihre rote Linie vor allem aus Angst besteht und Sie nicht bereit sind, sich auf etwas so Außergewöhnliches einzulassen, dann machen Sie sich zunächst bewusst, dass Ängste sich nicht durch rationale Argumente beeinflussen lassen. Verstandesmäßige Beschwichtigungen treffen nicht die Ebene Ihrer Befürchtungen. Es ist Ihrer Zielabsicht und Ihrem Energielevel meist förderlicher, wenn Sie Ihren unbewussten Wahrnehmungskanal mit Formulierungen oder Handlungen ansprechen.

- Wenn also eine bestimmte Farbe, ein Duft, eine Körperhaltung oder die Vorstellung einer schönen Landschaft Ihnen in Ihrem Alltag zusätzliche Energie verleiht, setzen Sie diese Dinge gezielt ein. Tragen Sie Kleidung in der entsprechenden Farbe, legen Sie ein Landschaftsfoto neben Ihr Vortragsskript, arbeiten Sie an Ihrer Körperhaltung.

Der innere Dialog als Partner
Übung 39
10 min

Wie sprechen Sie im Alltag mit sich selbst? Wie kommentieren Sie die Erfahrungen, die Sie tagtäglich machen? Notieren Sie einmal einige Ihrer inneren Stimmen:

_____
_____

Wenn etwas misslingt:

_____
_____

Wenn Sie schusselig waren:

_____
_____

Wenn Sie sich etwas nicht zutrauen:

_____
_____

Wenn Sie vor einer großen Herausforderung stehen:

_____
_____

Wenn Sie etwas getan haben, das Sie nicht (mehr) tun wollten:

_____
_____

Lösungstipp

Drei innere Stimmen lassen sich meist leicht identifizieren:

- **Der Träumer:** Er geht leicht und locker, voller Optimismus an jede Sache heran, sprüht vor Ideen und kennt keine Grenzen.

- **Der Kritiker:** Er findet immer ein Haar in der Suppe, wertet Träume ab, ermahnt den Realisten und will unterstützen, indem er auf Mängel hinweist.

- **Der Realist:** Er ist der pragmatische Macher, der plant und realisiert. Er kann von einem ungestümen Träumer ebenso wie von einem übereifrigen Kritiker blockiert werden.

Praxistipp

Kennen Sie auch die »Tonbänder«, die in solchen Situationen anspringen?

- »Dazu bin ich zu dumm.«

- »Das schaffe ich nicht.«

- »Ich kann das nicht, ich habe zwei linke Hände.«

- »Warum sollte gerade mir das gelingen?«

Selbstmanagement ist ein ständiger, spiralförmiger Prozess. Durch Überprüfen, Verändern und Handeln kommen Sie weiter – aber nicht, indem Sie sich ständig klein machen und abwerten. Bewahren Sie eine geduldige, positive Haltung sich selbst gegenüber. Viel erfolgversprechender ist es zu denken: »Das wird schon klappen!«

Glück

Übung 40

10 min

Hand aufs Herz: Wir machen gern andere dafür verantwortlich, ob wir glücklich sind oder nicht. Aber nur wir selbst können uns glücklich machen: durch unsere innere Einstellung. Listen Sie auf, wobei Sie Glück empfinden.

1. Dabei empfinde ich Glück im Bereich Tun:

   _____

   _____

2. Dabei empfinde ich Glück im Bereich Körper:

   _____

   _____

3. Dabei empfinde ich Glück im Bereich Sein:

   _____

   _____

4. Dabei empfinde ich Glück im Bereich Sinn:

   _____

   _____

Lösungstipp

Die Glücksforschung zeigt: Liegt keine materielle Not vor, so ist das Glücksempfinden nicht vom Einkommen oder materiellen Wohlstand abhängig. Vieles, was in Umfragen als »Glücksbringer« bezeichnet wurde, ist kostenlos: Natur, Sexualität, Geselligkeit, persönliches Wachstum, Arbeit. Suchen Sie gezielt die

Erfahrungen, die Sie Glück empfinden lassen. Und bei den anderen fragen Sie sich: »Wie müsste dies hier sein, damit es mich glücklich machen könnte?«

Praxistipps

- Glück ist Einstellungssache. Entscheiden Sie sich bewusst dafür, glücklich zu sein. Das kann niemand anders für Sie tun. Erkennen Sie das scheinbar selbstverständliche Glück in Ihrem Alltag, begegnen Sie ihm mit Dankbarkeit – und maximieren Sie die Zeit, die Sie mit den aufgelisteten Dingen verbringen.

- Eine große Gefahr, das Glück nicht zu erkennen, ist die Gewöhnung daran. Um dieser entgegenzuwirken, zeigt Ihnen dieses Buch, wie Sie z. B. den Autopiloten ausschalten (Übung 36) oder sich Standardziele setzen (Übung 14), um zu erkennen, dass das Selbstverständliche genau das nicht ist: selbstverständlich.

- Ihre Chancen auf Glück steigen, wenn Ihr bewertendes Ich etwas in den Hintergrund tritt und Ihr Selbst die Führung übernimmt. Dann leben Sie aus Ihrer ganzen Persönlichkeit heraus. In diesem Sinne sind Ihre Selbstmanagementbestrebungen Ihr Weg zum Glück.

Selbstmanagement Stufe 3: Mission

Ihr Lebensmotto finden

Übung 41

10 min

Ein erkennbares Profil, eine strategische Ausrichtung, eine klare Linie ist in den dynamischen Strukturen des heutigen Arbeitslebens wichtig. Aus diesem Grund sollten Sie sich zur »Marke« machen und mit Ihrem Selbstmanagement eine Stufe höher gehen: Stellen Sie Ihr Leben unter ein Motto und suchen Sie sich eine »Mission«.

Haben Sie Vorbehalte, eine solche Überschrift für Ihr Leben zu suchen, weil Sie befürchten, dass Sie sich damit einschränken könnten? Machen Sie sich bewusst, dass das Gegenteil der Fall ist.

1. Die Mission öffnet Ihren Blick auf ein ganzes Feld von Möglichkeiten innerhalb eines bestimmten Bereiches. Die Mission ist gleichzeitig

   - offen, da Sie innerhalb Ihres Bereiches alle paar Jahre etwas anderes tun können.

   - fokussiert, da Sie Informationen, Zielgruppen- oder Arbeitgeberprobleme nur eines Bereiches erfassen und verarbeiten müssen. Die Mission richtet Ihre Aufmerksamkeit aus, ganz ähnlich, wie Leitplanken den Verkehrsfluss kanalisieren

> **2.** Sehen Sie nochmals Ihre Notizen zu Übung 32 durch und beantworten Sie sich die folgenden Fragen:
> - Welche Themen, Interessen, Gedanken kehren seit Jahren immer wieder und beschäftigen mich?
> - Mit welchen Problemen, gleich welcher Art, habe ich lange gekämpft, bis ich sie lösen konnte? Qualifizieren mich diese Erfahrungen als Experte?
>
> Dies ist meine Mission:
>
> _____
> _____
> _____
> _____
> _____

Lösung

Die Firma Xerox wählte einst das Motto »The Document Company«. Das sagt nichts darüber aus, was das Unternehmen konkret mit Dokumenten tut. Es ist keine Festlegung auf ein Produkt oder eine Tätigkeit – aber eine klare Verpflichtung, Lösungen und Angebote für den (effizienten und effektiven) Umgang mit Dokumenten bereitzustellen. Eine Mission bietet Ihnen einen Fixpunkt, eine Orientierung in einer sich immer schneller verändernden Gesellschaft und Arbeitswelt. Sie ist Ihre Chance, den raschen Wandel mitzugestalten, statt nur auf Veränderungen zu reagieren.

Sinn

In diesem Kapitel erfahren Sie,

- dass Ihre Werte und Persönlichkeit der Kern Ihres Selbstmanagements sind,

- wie Sie Ihr Selbstmanagement abrunden und es gleichsam von einem höheren Standpunkt aus neu ausrichten,

- wie Sie Ihr Selbstmanagement effizient gestalten.

Darum geht es in der Praxis

Die Frage nach dem »Sinn« kann ganz unterschiedliche Zielrichtungen haben.

- **Pragmatisch:** »Ist es sinnvoll, A zu tun, um B zu erreichen?« Das ist die Frage nach der Nützlichkeit einer bestimmten Handlung, um ein erwünschtes Ergebnis zu erzielen.

- **Konstruierend:** »Warum ist Ereignis C eingetreten, und welche Bedeutung hat es im Kontext meines Lebens?« Dahinter steht der Wunsch, Muster und Zusammenhänge in der Fülle der Ereignisse, die jedem täglich widerfahren, zu erkennen.

- **Existenziell:** Aus dieser Perspektive wird nicht nur nach dem Zusammenhang persönlicher Dinge gefragt; die Perspektive wird auf die ganze Welt ausgeweitet, grundsätzliche Antworten werden erwartet.

Sinn im eigenen Leben zu sehen ist für Ihr Selbstmanagement wichtig. Denn nichts wird Ihnen mehr Befriedigung verschaffen, als sich im eigenen Leben wohl und zu Hause zu fühlen. Daher beschäftigt sich das letzte Kapitel des Buches damit, wie Sie

- die eigenen Maßstäbe und Werte finden,

- sich auf das Wesentliche fokussieren,

- Ihr eigenes Credo finden und leben.

Ihr Selbstmanagement abrunden

Was ist sinnvoll für Sie?
Übung 42
20 min

Jeder Mensch hat das Bedürfnis, sich in einen größeren, sinnstiftenden Zusammenhang eingeordnet zu wissen. Überlegen auch Sie, was Sie mit Ihrem Leben erreichen möchten.

Es ist für mich sinnvoll, mich um Folgendes zu kümmern:

_____

_____

In diesen gesellschaftlichen Bereichen liegen meine Schwerpunkte:

_____

_____

Hiervon möchte ich ein Teil sein:

_____

_____

Ich möchte an der folgenden gesellschaftlichen Aufgabe oder Diskussion teilhaben oder mitarbeiten:

_____

_____

Künftige Generationen werden aus meinem Tun oder meiner Existenz folgende Vorteile ziehen:

_____

_____

Lösungstipps

Blicken Sie einmal auf Ihre Notizen, Ihre Wünsche und Träume, Ihre Visionen und Talente, Ihre Mission: Das alles wurde Ihnen geschenkt, Sie mussten nichts dafür tun, außer sie zu erkennen, anzunehmen und folgen. Aber auch das ist manchmal schon schwierig genug. Dennoch, feiern Sie es! Nehmen Sie es an und fragen Sie sich:

- Was könnte ich daraus machen?
- Wofür könnte ich mich einsetzen?
- Welches Potenzial habe ich zu verwirklichen?

Lösung

»Die Lebensaufgabe – sind die Aufgaben des Lebens!« Das stand auf einem meiner Seminarflyer. Ich hatte dieses Motto gewählt, um ein Gegengewicht zu schaffen zu der verbreiteten Suche nach der *einen* Berufung, der *einen* Lebensaufgabe. Eine solche Suche hält oft nach dem Spektakulären Ausschau und erzeugt Enttäuschung und Frustration, wenn nicht die eine große Aufgabe gefunden wird. Was soll denn eine Angestellte, die gute Arbeit leistet, auf die Frage nach ihrer Lebensaufgabe antworten: »Rechnungen für den Vertrieb schreiben«? Aber wer genauer hinsieht, kann (s)ein Thema entdecken, das sein Leben sinnvoll macht und ihm jeden Morgen einen Grund gibt, gut gelaunt den Tag zu beginnen.

Vielleicht haben Sie es ja auch schon gefunden? Vielleicht steckt es in Ihrer Mission? Vielleicht ist der roten Faden leichter im Privatbereich als im beruflichen Kontext zu finden. Halten Sie Ausschau danach.

Persönliche Werte

Übung 43

10 min

Die Überlegungen, die Sie in den vorangegangenen Übungen angestellt haben, münden fast automatisch in die noch grundsätzlichere Frage nach Ihren Werten. Mit solchen Werten sind z.B. Ehrlichkeit, Freiheit, Respekt, Toleranz, Freundschaft, Zuverlässigkeit, Disziplin, Glaubwürdigkeit und Selbstlosigkeit gemeint. Stellen Sie sich nun vor, jemand verfasst Ihren Nachruf. Welche Werte sollte er an dem Leben loben, das Sie gelebt haben? Auf der nächsten Seite können Sie Ihre Gedanken notieren. Weichen Sie dieser Frage nicht aus, denn die Antworten, die Sie darauf finden, verleihen Ihrem Selbstmanagement und Ihrer Persönlichkeit zusätzliche Tiefe.

Fragen Sie sich also: Was ist Ihnen wichtig im Zusammenleben mit

- Ihnen selbst?
- Ihrem Partner/Ihrer Partnerin?
- Ihren Kindern?
- Kunden oder Auftraggebern?
- Mitarbeitern und Kollegen?
- Nachbarn?
- Freunden und Bekannten?
- Fremden, denen Sie zufällig am Arbeitsplatz oder in der Freizeit begegnen?

1. Tragen Sie nun maximal zwei Werte für jeden der folgenden Selbstmanagementbereiche ein:

Tun: _____

_____

Körper: _____

_____

Sein: _____

_____

Sinn: _____

_____

2. Was tun Sie, um Ihre Werte zu leben? An welchen Handlungen können andere Ihre Werte erkennen?

Tun: _____

_____

Körper: _____

_____

Sein: _____

_____

Sinn: _____

_____

Selbstmanagement Stufe 4: Credo

Ihr Credo

Übung 44

15 min

Von persönlichen Werten bis hin zu einem Credo (Glaubens-bekenntnis, von lat. *credere* »glauben, anvertrauen«) ist es nur ein kleiner Schritt. Jeder hat grundlegende Überzeugungen, doch sind sie ihm oft nicht bewusst und damit als praktischer Baustein im eigenen Selbstmanagement nicht verfügbar. Ohne einen »Überbau«, der Sie und Ihr Leben in einen größeren Zusammenhang einordnet, fehlt allerdings eine wichtige Komponente des Selbstmanagements. Wenn Werte Leitlinien des Handels sind, ist ein Credo der Rahmen, in dem sich Handeln und Werte platzieren.

Machen Sie sich Ihre Überzeugungen bewusst, indem Sie folgende Sätze vervollständigen:

- Meine Rolle in der Welt ist …

- Die Natur ist für mich …

- Die »großen Gefühle« sind für mich …

Formulieren Sie Ihr Credo in ein paar Sätzen:

_____

_____

_____

Lösung

Die Beschäftigung mit dem Credo hat verschiedene Vorteile. Sie denken über sich und die Welt nach und machen sich unbewusste Annahmen, übernommene Meinungen und kollektive Überzeugungen klar. So haben Sie die Wahl, sie anzunehmen oder abzulehnen.

Zudem bestätigen Forschungsergebnisse verschiedener wissenschaftlicher Disziplinen den Einfluss innerer Überzeugungen und unbewusster Prozesse auf die Wahrnehmung und die eigene Realität. Ein eigenes Credo macht Sie nicht nur freier und selbstbewusster, es liefert Ihnen auch Maßstäbe für Ihr Handeln und fördert Ihre soziale Kompetenz und Ihre Persönlichkeit.

Praxistipps

- Setzen Sie mit Ihrem aktiv, positiv und konstruktiv formulierten Credo (berücksichtigen Sie die Hinweise zur Zielformulierung in den Übungen 7 bis 13) weitere motivierende Signale.

- Führen Sie Ihr Credo immer mit sich: Schreiben Sie es auf eine kleine Kartei- oder Visitenkarte, speichern Sie es in Ihrem Organizer ab, kleben Sie es als Deckblatt in Ihren Kalender. Lesen Sie es immer mal wieder durch, spüren Sie seine Kraft und Richtigkeit.

Selbstmanagement ausrichten

Die vier Stufen in der Übersicht
Übung 45

10 min

In den Übungen 7, 20, 41 und 44 haben Sie die Selbstmanagementstufen Ziele, Vision, Mission und Credo erklommen. Anhand der folgenden Übersicht können Sie die einzelnen Stufen nochmals nachvollziehen und Revue passieren lassen. Dies erlaubt Ihnen einen Überblick über die Ergebnisse, die Sie bisher erarbeitet haben. Listen Sie die Inhalte hier noch einmal in der Übersicht auf.

1. **Ziele:** Markierungspunkte Ihres täglichen Lebens

_____

_____

_____

_____

_____

_____

_____

2. **Vision:** Pol, an dem sich Ihr Lebenskompass ausrichtet

_____

_____

_____

_____

_____

_____

3. **Mission:** Ihr eigenes Lebensmotto

_____

_____

_____

_____

_____

_____

4. **Credo:** Ihre grundlegenden Überzeugungen über sich und die Welt

_____

_____

_____

_____

_____

_____

_____

Integration

Übung 46

5 min

Wir haben gesehen, dass das Selbst immer die Führung hat: Alle Handlungen und Reaktionen sind Lösungsansätze Ihres Selbst für die verschiedensten Problemstellungen – also auch Handlungen, die Sie eigentlich abstellen wollten, z. B.:

- Rauchen, um körperlich-seelische Anspannung zu lösen,
- Streit, um die beängstigende Nähe zum Partner nicht zulassen zu müssen.

Schauen Sie einmal aus diesem Blickwinkel auf Ihre unangenehmen Gewohnheiten, Probleme oder Misserfolge: Wofür könnten sie eine Lösung (gewesen) sein?

1. Nehmen Sie Ihre Aufzeichnungen aus Übung 19 zur Hand. Konzentrieren Sie sich auf jene Ereignisse auf Ihrer Zeitachse, die Sie als negativ bewertet haben.

2. Beantworten Sie sich dazu diese Fragen:
   - Könnte dieses negativ bewertete Ereignis eine Lösung für etwas gewesen sein?
   - Was war der ursprüngliche Nutzen oder Lerneffekt dieses Ereignisses?
   - Welche Gewohnheiten mag ich an mir nicht?
   - Aber welche Probleme lösen sie (scheinbar)?

Welches sind Ihre »Ersatzhandlungen«? Tragen Sie sie sowie ihren eigentlichen Nutzen in folgende Tabelle ein:

»Problem«	Lösung für

Lösung

Die integrierende Sichtweise ist hilfreich, um

- den verborgenen Nutzen von Verhaltensweisen zu erkennen und diese durch besseres Verhalten zu ersetzen.

- keine Persönlichkeitsanteile mehr bekämpfen oder überlisten zu müssen. Aus dieser Perspektive gibt es solche Wesen wie den viel zitierten inneren Schweinehund gar nicht. Das sind Sie selbst bzw. ein Teil von Ihnen, der eine nicht ideale Lösung wählt.

- sich aktiv handelnd entwickeln zu können und möglichst selten in die Opferrolle zu verfallen.

Mein Leben, ein selbstorganisierendes System
Übung 47
10 min

Kennen Sie auch diese Lebens- oder Arbeitsphasen,

- in denen sich Dinge, Ereignisse, Informationen wie von Zauberhand fügen?
- in denen Sie planen, organisieren und kontrollieren, aber nichts läuft so richtig und Sie sind nah daran, aufzugeben oder die »innere Kündigung« auszusprechen?

Suchen Sie in Ihrer Erinnerung nach solchen Momenten oder Zeiten. Was kennzeichnet diese Erfahrungen, was ist das Besondere daran? Wann treten sie auf? Notieren Sie den Unterschied zwischen beiden Situationen:

Wenn sich alles fügt:

_____
_____
_____
_____

Wenn nichts klappt:

_____
_____
_____
_____

Das ist der Unterschied:

_____

_____

_____

_____

Lösung

Stellen Sie sich vor, eine Flüssigkeitsschicht wird in einer Schale erhitzt. Die – ungeordnete – Bewegung der Flüssigkeitsmoleküle nimmt zu. Ein stärkerer Wärmeaustausch zwischen der heißen Schicht unten und den kälteren Molekülen oben muss stattfinden. Ab einem bestimmten Punkt erfolgt der Temperaturausgleich jedoch nicht mehr durch zufällige, sondern durch strukturierte Wärmeströmungen. Die Moleküle haben sich »von sich aus« zu einer alle Moleküle umfassenden Ordnung selbst organisiert.

Übertragen wir diesen Vorgang auf das Selbstmanagement: Sie beschäftigen sich mit Ihrer Vision oder Mission, Ihre Vorstellungen sind Ihnen präsent, Sie investieren Aufmerksamkeit, Zeit und Mühe – was dem Erwärmen der Flüssigkeit entspricht. Bei weiterem Input Ihrerseits müsste es dann einen Moment geben, in dem die Selbstorganisationskräfte wirken und Ihre Persönlichkeit in Richtung Vision/Mission ausrichten, in einer Form, dass das ganze Selbst der Mission gehorcht bzw. folgt.

Folgen dieser Selbstorganisationsprozesse sind:

- Persönliche Präsenz und Energie steigen.
- Weniger Kontrolle und Planung ist erforderlich.
- Alle Persönlichkeitsanteile ziehen an einem Strang.
- Visionen und Ziele werden schneller erreicht.

Praxistipps

- Je mehr Sie sich in Ihrem Selbstmanagement auf die Ebene der Mission und Vision konzentrieren, desto einfacher werden Sie es haben, selbstorganisierende Prozesse anzustoßen bzw. zuzulassen. Mission und Vision sind die Rahmenbedingungen, innerhalb derer selbstorganisierende Systeme Struktur und Funktion finden.

- Die Kunst Ihres Selbstmanagements besteht darin, ein Gleichgewicht zwischen Vorgaben (= Rahmenbedingungen) und Ihrem Selbstorganisationspotenzial zu finden. Entscheiden Sie nun am Ende des Buches (z. B. mithilfe der Übersicht aus Übung 45), was Sie tun, um die gefundene Mission oder Vision Realität werden zu lassen.

- Schalten Sie immer mal wieder auf eine systemische Sichtweise um. Suchen Sie den Lerneffekt, einen Gewinn aus der Situation. Begreifen Sie nicht nur das aktuelle Geschehen, sondern Ihre ganze Biografie als die selbstgesteuerte Entfaltung und Entwicklung eines Systems innerhalb übergeordneter Systeme – etwa so, wie Ihr Gehirn ein eigenes System innerhalb Ihres Körpers darstellt.

Literatur

Covey, Stephen R.: Die 7 Wege zur Effektivität, Offenbach 2005

Markova, Dawna: Die Versöhnung mit dem inneren Feind, Paderborn 1997

Markowetz, Alexander; Schwarz, Ann-Kathrin; Wielpütz, Jan F.: Digitaler Burnout: Warum unsere permanente Smartphone-Nutzung gefährlich ist, München 2015

Müller, Günter F. (Hrsg.): Selbstverwirklichung im Arbeitsleben, Lengerich 2003

Müller, Horst: Mind Mapping, Freiburg 2013

Seiwert, Lothar: Noch mehr Zeit für das Wesentliche, München 2016

Solingen, Rini van: Der Bienenhirte – über das Führen von selbstorganisierten Teams: Ein Roman für Manager und Projektverantwortliche, Heidelberg 2017

Spitzer, Manfred: Die Smartphone-Epidemie: Gefahren für Gesundheit, Bildung und Gesellschaft, Stuttgart 2019
Spitzer, Manfred: Lernen, München 2007

Storch Maja/Krause Frank: Selbstmanagement – ressourcenorientiert, Göttingen 2017

Storch, Maja/Cantieni, Benita/Hüther, Gerald/Tschacher, Wolfgang: Embodiment, Göttingen 2017

Stichwortverzeichnis

Impressum

Bibliografische Information der Deutschen Nationalbibliothek
Die Deutsche Nationalbibliothek verzeichnet diese Publikation in der Deutschen
Nationalbibliografie; detaillierte bibliografische Daten sind im Internet über
http://www.dnb.dnb.de abrufbar.

Print:	ISBN: 978-3-648-16972-8	Bestell-Nr.: 00343-0006
ePub:	ISBN: 978-3-648-16973-5	Bestell-Nr.: 00343-0102
ePDF:	ISBN: 978-3-648-16974-2	Bestell-Nr.: 00343-0155

Klaus Bischof, Anita Bischof, Horst Müller
Selbstmanagement
6. Auflage 2023

© 2023, Haufe-Lexware GmbH & Co. KG, Freiburg
www.haufe.de
info@haufe.de

Redaktion: Jürgen Fischer

Alle Angaben/Daten nach bestem Wissen, jedoch ohne Gewähr für Vollständigkeit
und Richtigkeit.
Alle Rechte, auch die des auszugsweisen Nachdrucks, der fotomechanischen
Wiedergabe (einschließlich Mikrokopie) sowie der Auswertung durch Datenbanken
oder ähnliche Einrichtungen, vorbehalten.

Aus Gründen der besseren Lesbarkeit wird bei Personenbezeichnungen und
personenbezogenen Hauptwörtern in diesem Buch das generische Maskulinum
verwendet. Entsprechende Begriffe gelten im Sinne der Gleichbehandlung
grundsätzlich für alle Geschlechter. Die verkürzte Sprachform hat nur redaktionelle
Gründe und beinhaltet keinerlei Wertung.

Die Autoren

Dr. Klaus Bischof

begleitet seit über 30 Jahren als Trainer und Coach Menschen in unterschiedlichsten Lebens- und Berufssituationen. Neben anderen Themen spezialisierte er sich auf Führung, Kommunikation und Selbstmanagement.

Zusammen mit Anita Bischof (www.bischofmanagement.com) leistet er seinen Beitrag, Klienten mit praxiserprobten Methoden und Werkzeugen zu unterstützen.

Anita Bischof

Verfügt über mehrjährige Erfahrung in der Führung von Mitarbeitern und als Coach. Ihre Schwerpunkte sind Führung, Selbstmanagement, Besprechungen und Moderation von Workshops, Prozesse zu analysieren und zu strukturieren.

Von Dr. Klaus Bischof und Anita Bischof stammt der erste Teil dieses Buches (Praxiswissen Selbstmanagement).

Horst Müller

trainiert und berät mit den Schwerpunkten Selbst- und Zeitmanagement, Kommunikation und Persönlichkeitsentfaltung sowie Mind Mapping und dessen Anwendungen. Er ist Persönlichkeitstrainer (PF), autorisierter Trainer für Mind Mapping (Buzan

Centre Poole, GB) und Mitglied der vmt-Trainersocietät. Er hat sich als Fachautor zu den oben genannten Schwerpunktthemen etabliert. Internet: www.hrm-seminare.de

Von Horst Müller stammt der zweite Teil dieses Buches (Training Selbstmanagement).

Weitere Literatur

»Einfach loslegen! Das 100 Tage Erfolgsjournal« von Steffen
Kurth, Elvira Plitt, Bernhard Landkammer, 296 Seiten, € 19,99.
ISBN 978-3-648-13728-4, Bestell-Nr. 10508

»Effektiver arbeiten – Werden Sie so gut, wie Sie sein können«,
von R. Haller, H. Proske, J. F. Reichert, E. Reiff, S. Triebfürst,
227 Seiten, € 19,99. ISBN 978-3-648-14043-7, Bestell-Nr. 10540

»Zeitmanagement« von Jörg Knoblauch, Holger Wöltje,
Marcus B. Hausner, Martin Kimmich, Siegfried Lachmann,
256 Seiten, € 11,99. ISBN 978-3-648-12526-7, Bestell-Nr. 00345

»Mind Mapping«, von Horst Müller, 128 Seiten, € 9,99 (E-Book).
ISBN 978-3-648-04686-9, Bestell-Nr. 00866

»Lampenfieber und Prüfungsangst besiegen« von Jörg
Abromeit, 128 Seiten, € 6,99. ISBN 978-3-648-05656-1,
Bestell-Nr. 10700